高等职业教育课程改革系列教材

电子技术实训教程

主　　编　石　琼　宁金叶

副　主　编　裴　琴　王　芳　张誉腾

参　　编　练红海　容　慧　刘宗瑶

　　　　　周　展　陈文明　叶云洋

主　　审　陈意军

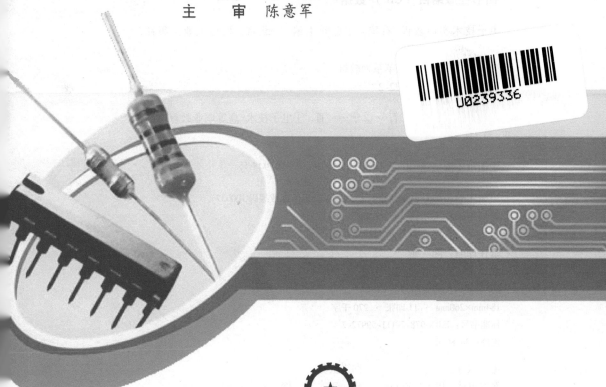

U0239336

机械工业出版社

本书是以教育部制定的《高职高专教育电工电子技术课程教学要求》为依据，结合"湖南省高职院校学生专业技能抽查考试"题库，根据高等职业技术教育对实训教学的需要而编写的。本书内容主要包括实训基础知识、模拟电子线路基础技能实训、数字电子线路基础技能实训及电子线路综合技能实训。附录中列出了常见二极管、晶体管、集成运放、集成稳压器的型号与参数，电子器件实物、引脚图与功能表，数字电子部分常用电路新、旧符号对照表。

本书可作为高职院校电气自动化类、电子信息类、机电一体化技术、汽车电子技术等专业电子技术课程实训环节的配套教材，也可以作为湖南省高职院校学生专业技能抽查考试指导用书。

为方便教学，本书配有电子课件、微视频等教学资源，凡选用本书作为教材的学校，可来电索取。咨询电话：010-88379375；电子邮箱：cmpgaozhi@sina.com。

图书在版编目（CIP）数据

电子技术实训教程/石琼，宁金叶主编 .—北京：机械工业出版社，2018.6（2024.7重印）

高等职业教育课程改革系列教材

ISBN 978-7-111-59972-2

Ⅰ.①电… Ⅱ.①石… ②宁… Ⅲ.①电子技术-高等职业教育-教材 Ⅳ.①TN

中国版本图书馆 CIP 数据核字（2018）第 101945 号

机械工业出版社（北京市百万庄大街22号 邮政编码100037）
策划编辑：王宗锋 责任编辑：王宗锋
责任校对：肖 琳 封面设计：陈 沛
责任印制：郜 敏
北京富资园科技发展有限公司印刷
2024 年 7 月第 1 版第 7 次印刷
184mm×260mm · 11 印张 · 270 千字
标准书号：ISBN 978-7-111-59972-2
定价：34.80 元

电话服务	网络服务
客服电话：010-88361066	机 工 官 网：www.cmpbook.com
010-88379833	机 工 官 博：weibo.com/cmp1952
010-68326294	金 书 网：www.golden-book.com
封底无防伪标均为盗版	机工教育服务网：www.cmpedu.com

前　言

本书是为适应高职高专教育发展，满足电子技术实训与技能训练教学的需要，在总结多年电子技术实训与技能抽考教学经验的基础上编写的实训教材。全书包括四个部分。第一部分为实训基础知识，介绍了 KHM‐3A 型和 KHD‐3A 型电子技术实训装置、基本实训仪器仪表，简单阐述了技能实训的基本过程和操作规范。第二部分为模拟电子线路基础技能实训，引导学生掌握常见模拟电路的制作和调试方法，使学生初步具备模拟电子线路的调试能力。第三部分为数字电子线路基础技能实训，引导学生学习常见逻辑器件的功能与简单应用，提高学生对数字电子线路的设计与装调能力。第四部分为电子线路综合技能实训，主要包括"湖南省高职院校学生专业技能抽查考试"（以下简称"湖南省技能抽考"）题库中的电子线路装调的所有内容，以及学生自主设计型综合性系统——简易低频功率放大器的安装与调试，主要培养学生对电子系统的装配、调试能力。附录中列出了二极管、晶体管、集成电路的常见型号和主要参数，电子器件实物与引脚图，数字电子部分常用电路新、旧符号对照表，便于读者查阅。本书中某些内容用"＊"标注，表示选做内容，请读者根据自己的实际情况进行取舍。

本书的特色是：本书是经多年几千学生试用基础上进行的教学经验总结，内容符合《国务院关于大力推进职业教育改革与发展的决定》的要求，技能能力培训特色鲜明；教育行政部门对教学质量监控常常采用技能抽考方式，本书涵盖"湖南省技能抽考"题库中的电子线路装调全部内容，为电类专业"技能抽考"的电子综合能力测试提供了良好的培训支撑。本书提供电子课件、微视频等教学资源。

本书可作为高职院校电气自动化类、电子信息类、机电一体化技术、汽车电子技术等专业电子技术课程实训环节的配套教材，也可以作为湖南省技能抽考的指导用书，不同专业可以根据自身的特点和需要加以取舍。

本书由石琼、宁金叶任主编，裴琴、王芳、张誉腾任副主编，练红海、容慧、刘宗瑶、周展、陈文明及叶云洋参与编写。本书由陈意军任主审。

由于编者水平有限，书中难免有不足之处，敬请使用本书的读者批评指正。

编　者

目　录

第一部分 实训基础知识

随着科学技术的发展，电子技术在各领域中得到了广泛应用。电子技术是一门实践性很强的技术基础课，在学习中，学生不仅要掌握基本原理和基本方法，更重要的是学会灵活应用。因此，需要配有一定数量的实训，才能使学生掌握这门课程的基本内容，熟悉各电子元器件的识别、检测及使用方法，能够对基本电路的工作原理进行简单分析和调试，学会装配和调试较复杂电子系统，从而有效地培养学生理论联系实际和解决实际问题的能力。

一、KHM‑3A 型模拟电子技术实训装置简介

1. 概述

KHM‑3A 型模拟电子技术实训装置是湖南电气职业技术学院与浙江天煌科技实业有限公司联合研制的成果，是学校与企业共同智慧的结晶。其性能优良可靠、操作方便、结构新颖、资源丰富、扩展性强，能够充分满足学校模拟电子技术实训教学需求。该装置由实训台、面板和模拟电路实验板组成。实训台由铁质喷塑材料制成，一体式设计，可同时进行两组实训；模拟电路实验板为可移动式，便于以后更换增加新的内容。

2. 实训台

实训台整体规格为 1798mm×980mm×1000mm，上部为模拟电路实验板放置区域和仪器放置区域，模拟电路实验板放置区域依据人体工程学原理，设计为有一定倾斜度的斜面，方便操作；仪器放置区域用于放置实训所需电源、信号源、示波器等，设置有 5 个双联插座为仪器提供电源。上部区域四周有高为 225mm 的挡板，防止仪器设备掉落。下部设有 3 个柜子，距实训台边缘 300mm，从而留出操作人员站立空间。柜门使用优质铰链开合，方便存放实训用后仪器。实训台设有四个带刹车脚轮，便于移动和固定。

实训台的立体图如图 1-1 所示，使用状态正视图如图 1-2 所示。

3. 面板

面板如图 1-3 所示。面板固定在实训台上，上方装有带短路和漏电保护功能的电源总开关，另外还有两组六位数显频率计、直流信号源以及低压交流电源；下方为万用表窗口，可以用配备的万用表支架将万用表固定在面板上。

图 1-1 实训台的立体图

1

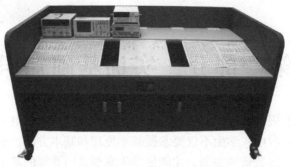

图1-2 实训台的使用状态正视图

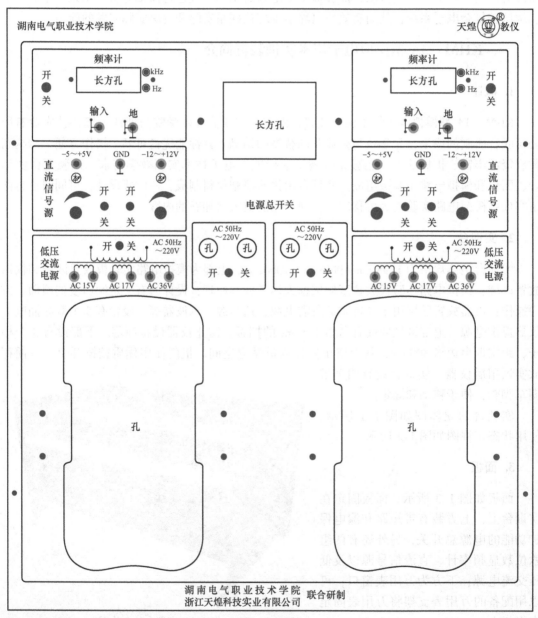

图1-3 面板

（1）六位数显频率计　六位数显频率计有两组，测量范围为 1Hz ~ 10MHz，由六位共阴极 LED 数码管显示，闸门时间为 1s，灵敏度为 35mV（1Hz ~ 500kHz）/100mV（500kHz ~ 10MHz），测频精度为万分之二（10MHz）。

（2）直流信号源　直流信号源有两组，每组设有两路直流信号，输出范围为 -5 ~ +5V 和 -12 ~ +12V。

（3）低压交流电源　交流电源有两组，每组提供 AC 15V、AC 17V、AC 36V 三路低压交流电。

4. 模拟电路实验板

每套实训装置配有三种可移动的模拟电路实验板：M01 模拟电路实验板（一）、M02 模拟电路实验板（二）和 M03 模拟电路实验板（三），分别如图 1-4 ~ 图 1-6 所示。模拟电路实验板尺寸为 400mm × 270mm，板上资源布局合理，各模块都有清晰的丝印标识。实训时，将稳压电源按照标识对应夹在模拟电路实验板右上角的 U 形弯针上，就可以使用本装置所配的实训导线方便地将电源引至各处。

以下是详细说明：

（1）M01 模拟电路实验板（一）　该实验板上主要为分立元器件，其中电阻、电容、二极管、晶体管、三端稳压器、晶闸管采用银针孔设计，以便于更换和插入不同参数的元器件，此外，这种设计还有利于学生锻炼辨别元器件引脚的能力。

1）电位器：共有五只电位器，分别为 1k、10k、100k、470k、1M，其中 1k、10k 为精密多圈电位器，适合于精细调节场合；100k、470k、1M 为碳膜电位器，适合于粗调场合。每只电位器有三个引脚，中间一个对应电位器的动触点，顺时针旋转电位器，左边两个引脚间的电阻增大。

2）电源输入、输出：直流 +12V、-12V、+5V 输入，交流 220V、36V、15V 输出。

3）继电器：继电器线圈额定电压为直流 12V，具有两组常闭触点和两组常开触点。

4）稳压二极管：提供多只稳压二极管，如 1N4735、2DW231、1N4729 等。

5）蜂鸣器：内部设有限流电阻和稳压二极管，可输入 5 ~ 12V 的电压。

6）振荡线圈：用于 LC 振荡电路。

7）扬声器：8Ω/0.25W 的扬声器。

8）整流桥：耐压值为 1000V，最大电流为 3A。

9）复位按钮：实验板设有复位按钮一只，具有一组常开触点和一组常闭触点。

10）其他：集成芯片插座、自由布线区等资源。

（2）M02 模拟电路实验板（二）　该实验板上设计有六个固定电路，分别为反相加法/反相比例运算电路、射极跟随器、线性直流稳压电源、单电源晶体管放大电路、迟滞/方波发生器及单电源功率放大电路。

（3）M03 模拟电路实验板（三）　该实验板主要是为运算放大器实训而设计的，以两片 LM358 和两片 LM324 运算放大器为核心，周围放置了电阻、电容、电位器、二极管等常用资源，能够满足基本的运算放大器实训。

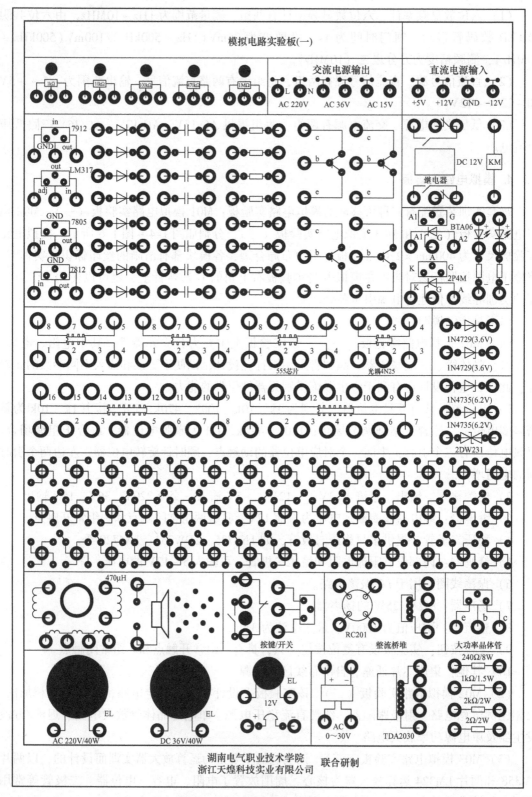

图1-4　M01模拟电路实验板（一）

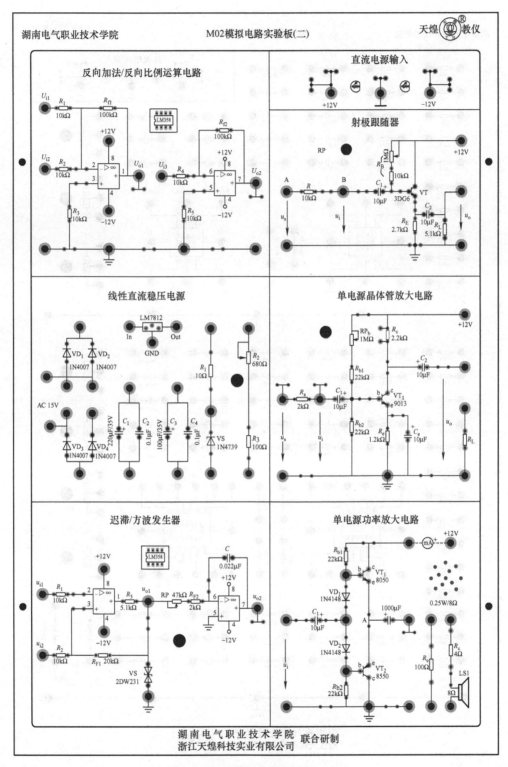

图 1-5　M02 模拟电路实验板（二）

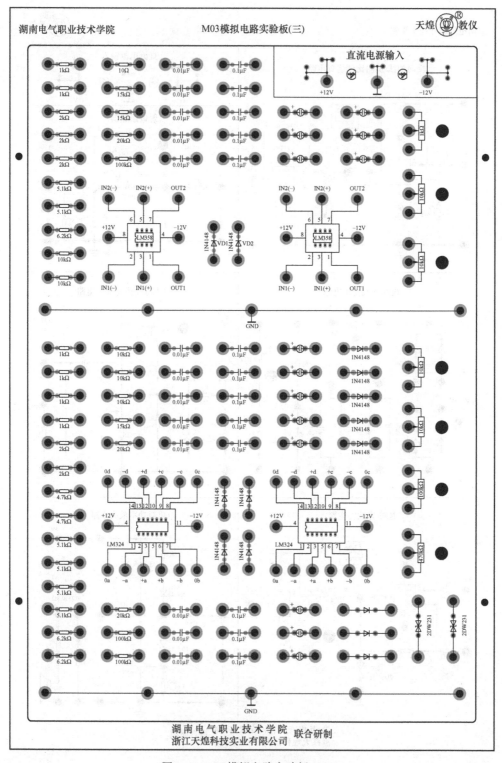

图 1-6　M03 模拟电路实验板（三）

二、KHD-3A 型数字电子技术实训装置简介

1. 概述

KHD-3A 型数字电子技术实训装置是湖南电气职业技术学院与浙江天煌科技实业有限公司联合研制的成果，是学校与企业共同智慧的结晶。其性能优良可靠、操作方便、结构新颖、资源丰富、扩展性强，能够充分满足学校数字电路实训教学需求。本装置由实训台、面板和数字电路实验板组成。实训台由铁质喷塑材料制成，一体式设计，可同时进行两组实训，其外形、尺寸与模拟电子技术实训台一致，此处不再赘述；数字电路实验板为可移动式，便于以后更换，增加新的内容。

2. 面板

面板如图 1-7 所示，面板固定在实训台上，上方装有带短路和漏电保护功能的电源总开关，另外还有两组六位数显频率计、固定频率脉冲源和直流信号源，下方为万用表窗口，可以用配备的万用表支架将万用表固定在面板上。

（1）六位数显频率计　本频率计有两组，测量范围为 1Hz ~ 10MHz，由六位共阴极 LED 数码管显示，闸门时间为 1s，灵敏度为 35mV（1Hz ~ 500kHz）/100mV（500kHz ~ 10MHz），测频精度为万分之二（10MHz）。

（2）固定频率脉冲源　固定频率脉冲源有两组，每组设有六路固定频率脉冲源输出，分别为 1Hz、100Hz、1kHz、10kHz、100kHz、1MHz 六路 TTL 电平脉冲源。

（3）直流信号源　直流信号源有两组，每组设有两路直流信号，输出范围都是 -5 ~ +5V。

3. 数字电路实验板

每套实训装置配有两种可移动的数字电路实验板，分别为 D01 数字电路实验板（一）和 D02 数字电路实验板（二），如图 1-8 和图 1-9 所示。实验板尺寸为 400mm × 270mm，板上资源布局合理，各模块都有清晰的丝印标识。实训时将稳压电源按照标识对应夹在实验板右上角的 U 形弯针上，就可以使用本装置所配的实训导线方便地将电源引至各处。

以下是详细说明：

（1）D01 数字电路实验板（一）

1）十六位逻辑电平显示：用于实训过程中输出电平状态指示，在接上 +5V 电源后，当输入口接高电平时，所对应的发光二极管点亮；输入口接低电平或悬空时，则熄灭。

2）电位器：共有四只电位器，分别为 1kΩ、10kΩ、100kΩ、1MΩ，其中 1kΩ、10kΩ 为精密多圈电位器，适合于精细调节场合；100kΩ、1MΩ 为碳膜电位器，适合于粗调场合。每只电位器有三个引脚，中间一个对应电位器的动触点，顺时针旋转电位器，左边两个引脚间的电阻增大。

3）音乐片、扬声器：音乐片模块内部已接好驱动晶体管和振荡电阻，只需在下面两个端口接入电源，将上面两个端口与扬声器相连，即可发出声音。

4）静态数码管显示：有两组静态译码显示数码管，可对十进制数字 0 ~ 9 进行译码显示，左边一组为共阴极数码管，译码器为 COMS 芯片 CD4511，右边一组为共阳极数码管，

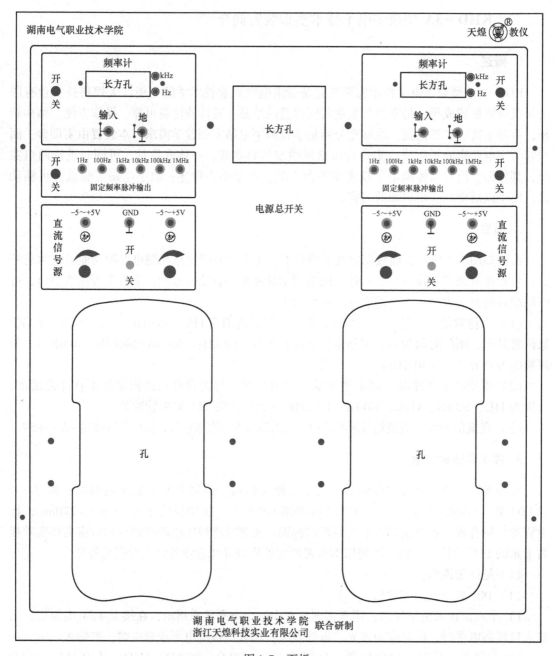

图 1-7　面板

译码器为 TTL 芯片 74LS47。使用时用导线将电源区的 +5V 与数码管显示区的 +5V 两个端口连接，在 A、B、C、D 端口输入 BCD 码即可有相应的显示。

5）动态数码管显示：采用共阴极数码管，1~8 端口对应相应位的 COM 端，a~dp 为段码输入端。

6）单次脉冲源（两路）：每按一次单次脉冲按钮，在其输出口"⎍"和"⎍"分别送出一个正、负单次脉冲信号。四个输出口均有发光二极管予以指示。

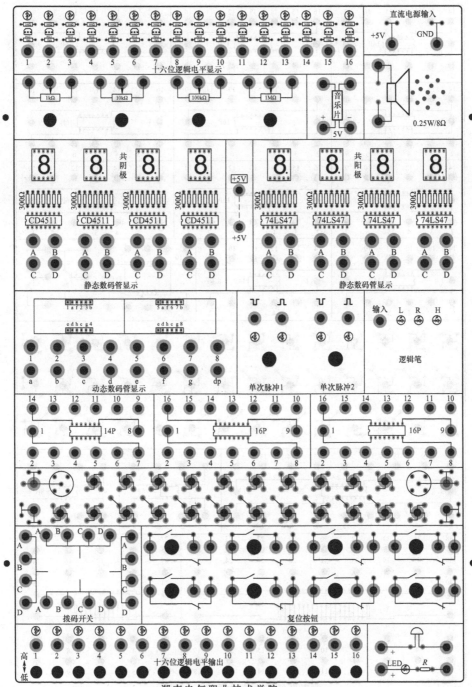

图 1-8　D01 数字电路实验板（一）

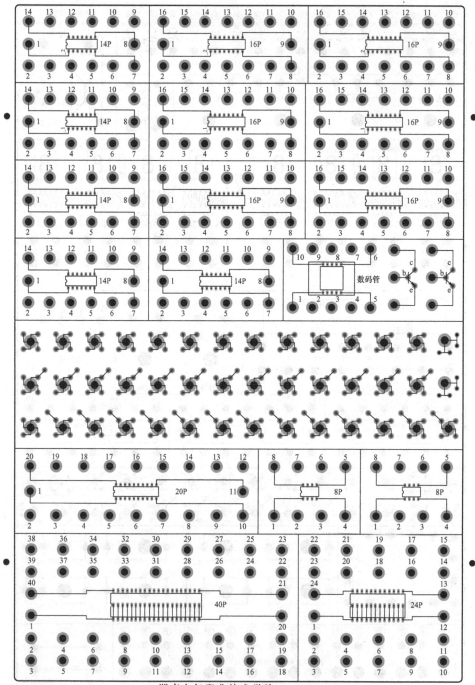

图1-9　D02 数字电路实验板（二）

7）三态逻辑笔：用于逻辑电平检测，可显示"高电平""低电平""高阻"三种状态，分别用红、绿、黄三种发光二极管指示。

8）BCD 码拨码开关：提供四位 BCD 码拨码开关，每一位的显示窗指示出 0~9 中的一个十进制数字，在 A、B、C、D 四个输出插口处输出相对应的 BCD 码。每按动一次"+"或"-"键，将顺序地进行加 1 计数或减 1 计数。

9）复位按钮：共有六个，每个复位按钮都具有一组常开触点和一组常闭触点。

10）十六位逻辑电平输出：为实训提供所需的逻辑电平，当开关打到上面时，对应发光二极管亮，端口输出高电平，当开关打到下面时对应发光二极管灭，端口输出低电平。

11）蜂鸣器：内部设有限流电阻和稳压二极管，可输入 5~12V 的电压。

（2）D02 数字电路实验板（二） 该实验板上主要为双列直插圆脚集成芯片插座（DIP8P 两只、DIP14P 五只、DIP16P 六只、DIP20P 一只、DIP24P 一只、DIP40P 一只），数码管座一只，晶体管座两只，另设有自由布线区。

三、实训仪器

1. GPS-3303C 型直流稳压电源

直流稳压电源是指能产生直流电的仪器，简称为直流源，可以为各种被检测的电子系统和电子设备提供电源。本小节主要介绍 GPS-3303C 型直流稳压电源的使用，它可提供两组独立的输出以及一组固定 5V 直流电压输出，可以设置成独立、串联、并联三种模式工作，非常实用和方便。

（1）GPS-3303C 型直流稳压电源的基本工作特性指标

1）电源输入：220V（1±10%），50Hz/60Hz。

2）操作环境：温度为 0~40℃；相对湿度≤80%。

3）输出特性：独立模式下，CH1 和 CH2 每个通道独立，最大电压为 30V，最大电流为 3A；串联模式下，CH1 和 CH2 串联实现 -30~+30V 或者 0~60V 的电压输出，最大电流为 3A；并联模式下，CH1 和 CH2 并联实现 0~30V 的电压输出，最大电流为 6A；CH3 通道恒定 5V 输出，最大电流为 1.5A。

（2）面板说明 GPS-3303C 型直流稳压电源面板如图 1-10 所示。

面板详细说明如下。

1）电源开关（POWER）：按下为开（ON），抬起为关（OFF）。

2）电压输出开关（OUTPUT）：按下，指示灯亮，表示输出打开（ON）；抬起，指示灯灭，表示输出关闭（OFF）。

3）输出通道：CH1 为第一通道，CH2 为第二通道，均可以独立输出 0~30V 的可调电压；CH3 为第三通道，固定输出 5V。其中标有"-"的为电源负极输出，标有"+"的为电源正极输出，GND（绿色接口）为地线接口。

注意： 电子线路中的"地线"通常有两种：一种是指真实地，即地球；另一种为虚地，即电路板中的电源公共端或者参考电压为 0V 的点。此处的地线为真实地。

4）功能选择组合按钮：两个按钮通过组合选择实现独立、串联、并联三种工作方式：两个按钮均抬起为独立模式（INDEP），左按钮按下、右按钮抬起为串联模式（SERIES），

图 1-10　GPS－3303C 型直流稳压电源面板图

两个按钮均按下为并联模式（PARALLEL）。

5）电流调节旋钮（CURRENT）：通过旋转该旋钮可以改变输出电源的最大电流值，逆时针旋转到底为最小，顺时针旋转到底为最大。在串联模式和并联模式下，仅主（MASTER）调节有效。

6）电压调节旋钮（VOLTAGE）：通过旋转该旋钮可以改变输出电源的最大电压值，逆时针旋转到底为最小，顺时针旋转到底为最大。在串联模式和并联模式下，仅主（MASTER）调节有效。

7）电压/电流输出指示灯（C. C/C. V）：红灯亮，表示恒流源模式输出；绿灯亮，表示恒压源模式输出。

8）过载指示灯（OVERLOAD）：CH3 通道过载时，该指示灯亮。

9）电流/电压指示窗：标有单位"A"的为电流指示，标有单位"V"的为电压指示，左边为 CH2 通道，右边为 CH1 通道。

（3）电压输出使用方法

1）接通电源并开机。

2）根据需求按下功能组合开关，选择合适的工作模式。

3）按下输出开关，打开输出功能。

4）电压输出调节：把电流调节旋钮顺时针调至最大，调节电压调节旋钮，观察电压指示窗，调节电压至适当值。

5）把输出电压从相应通道按照接线规则连接到电路中。

2. AFG－2005 型数字函数信号发生器

函数信号发生器是指能产生测试信号的仪器，又称为信号源，可以为各种被检测的电子系统和电子设备提供测试信号。本小节主要介绍 AFG‑2005 型数字函数信号发生器的使用。

（1）AFG‑2005 型数字函数信号发生器的基本工作特性指标

1）输出波形：正弦波、矩形波、三角波、噪声波、任意波形发生器（ARB）。

2）输出信号频率范围：0.1Hz～5MHz。

3）输出幅度范围：接 50Ω 时，峰‑峰值为 1 mV～10 V；开路时，峰‑峰值为 2 mV～20 V。

4）分辨率：0.1Hz。

5）显示方式：液晶屏显示。

（2）面板说明 AFG‑2005 型数字函数信号发生器面板如图 1‑11 所示。

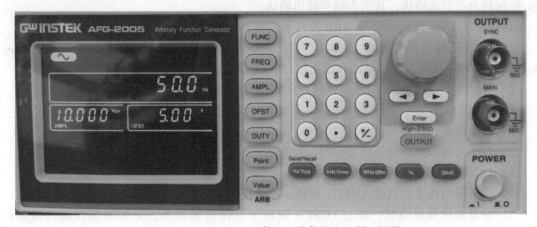

图 1‑11　AFG‑2005 型数字函数信号发生器面板图

面板详细说明如下。

1）电源开关（POWER）：按下为开（ON），抬起为关（OFF）。

2）信号输出按钮（OUTPUT）：按下，指示灯亮，表示输出打开；抬起，指示灯灭，表示输出关闭。

3）功能按钮（FUNC）：波形选择（正弦波、矩形波、三角波、噪声波、ARB）。

4）频率调节功能按钮（FREQ）：按一下按钮，显示屏中的"FREQ"字样闪烁，表示频率可调节。

5）幅度调节功能按钮（AMPL）：按一下按钮，显示屏中的"AMPL"字样闪烁，表示幅度可调节。

6）直流偏置电压功能按钮（OFST）：按一下按钮，显示屏中的"OFST"字样闪烁，表示偏置电压可调节。

7）占空比调节功能按钮（DUTY）：在矩形信号、三角波信号输出模式下，按一下按钮，OFST 显示窗口变成 DUTY 显示窗口，且显示屏中的"DUTY"字样闪烁，表示占空比可调节。

8）ARB 点数调节按钮（Point）：在 ARB 输出功能下，按一下按钮，AMPL 显示窗口变成 Point 显示窗口，且显示屏中的"Point"字样闪烁，表示 ARB 点数可调节。

9）ARB 所选点幅值调节按钮（Value）：在 ARB 输出功能下，按一下按钮，OFST 显示窗口变成 Value 显示窗口，且显示屏中的"Value"字样闪烁，表示 ARB 所选点幅值可调节。

10）数字键盘：通过键盘可以任意设置不超过输出范围的信号数据值，一般需要通过单位按钮确认。

11）数值微调轮：通过转动微调轮可以实现输出量的数值连续调节，用于编辑数值和参数，步进 1 位，与方向键一起使用。

12）方向键：按一下左键，调整微调轮改变的位数向高位移动；按一下右键，调整微调轮改变的位数向低位移动。

13）单位按钮组：主要有 Hz/Vpp、kHz/Vrms、MHz/dBm、% 等按钮，其中，Vpp 按钮为峰–峰值输出确认，Vrms 按钮为方均根值或者有效值输出确认，dBm 按钮为分贝输出确认，% 按钮为占空比确认，其余为频率输出确认。

14）确认按钮（Enter）：在 ARB 模式下，给 Point 设置和 Value 设置进行确认。

15）第二功能选择组合键（Shift）：主要实现 Hz/Vpp 按钮的第二功能存储和调用 Save/Recall、OUTPUT 按钮的第二功能高组态输出和 50Ω 输出（High – Z/50Ω）转换。

16）输出同轴电缆接线口：包含同步（SYNC）和主（MAIN）两个输出接口。

（3）使用方法

1）接通电源，并开机。

2）按下功能按钮，选择所需要的信号类型。

3）设置输出频率：通过 FREQ + 键盘 + 单位按钮设置，必要时可以通过微调轮微调。

4）设置输出幅度：通过 AMPL + 键盘 + 单位按钮设置，必要时可以通过微调轮微调。

5）设置直流偏置电压：通过 OFST + 键盘 + 单位按钮设置，必要时可以通过微调轮微调。

6）占空比调节：在输出矩形信号和三角波信号下，可以通过 DUTY + 键盘 + % 按钮实现占空比调节，必要时可以通过微调轮微调。

7）信号输出：按下 OUTPUT 按钮，打开输出，并通过同轴电缆从 MAIN 输出口输出信号。

3. GDS – 1072A – U 型数字示波器

示波器是一种把肉眼不可见的电信号转换成可见的光信号（图像）的仪器，便于人们研究各种电现象的变化过程。利用示波器，可以完成对电信号波形曲线的观察，还可以测试各种信号的电压、电流、频率、相位（差）等。本书主要以 GDS – 1072A – U 型数字示波器的使用为例来介绍。

（1）GDS – 1072A – U 型数字示波器的基本工作特性指标

1）双通道，外触发，每通道带宽为 70MHz，采样率为 1G Sa/s，2M 点记录长度。

2）5.7in（1in = 25.4mm），TFT 彩色，320 × 234 分辨率，宽视角 LCD 显示。

3）USB 2.0 full – speed 接口，用于保存和调取数据，USB slave 接口，用于远程控制。

4）PictBridge 兼容打印机。

5）多种语言菜单（12 种语言）。

6）27 组自动测量。

7）支持数学运算：加、减、乘、快速傅里叶变换（FFT）。

8）具备边沿、视频、脉冲宽度触发。

（2）面板与显示界面说明 GDS－1072A－U 型数字示波器面板如图 1-12 所示。

1）电源开关：按下为开（ON），抬起为关（OFF）。

2）USB 接口：用于波形的调取。

3）标准检测信号：频率为 1kHz、幅度为 2V 的方波。

4）输入通道：CH1 为第一输入通道、CH2 为第二输入通道。

5）EXT TRIG：外部触发源输入口。

6）显示窗：可以显示两路波形，顶部显示运行状态（STOP 表示停止、RUN 表示运行）、触发方式等，底部显示电压灵敏度和时间扫描因子，右边显示通道设置、语言设置、测量设置、测量数据等菜单，左边的"1""2"显示通道标志。

7）屏幕菜单选择按钮组：通常与多功能旋钮配合，实现显示窗右边菜单内容修改。

8）多功能旋钮：通常与屏幕菜单选择按钮配合，实现显示窗右边菜单功能选择。

9）功能按钮：主要包括获取模式（Acquire）、屏幕设置（Display）、语言设置或行自我校准等（Utilty）、帮助（Help）、自动（Autoset）、光标测量（Cursor）、测量（Measure）、存储/调取（Save/Recall）、存储至 USB（Hardcopy）、运行/停止（Run/Stop）。

10）垂直控制区（VERTICAL）：主要包括波形垂直方向位置旋钮（带上下方向箭头的小旋钮，两个通道各一个）、电压灵敏度调节旋钮 VOLTS/DIV（表示每格电压，两个通道各一个）、通道 1 设置按钮（CH1）、通道 2 设置按钮（CH2）、数学运算按钮（MATH）。

11）水平控制区（HORIZONTAL）：主要包括波形水平方向位置旋钮（带左右方向箭头的小旋钮，两个通道共用一个）、时间扫描因子调节旋钮 TIME/DIV（表示每格时间，两个通道共用一个）、水平视图按钮（MENU）。

12）触发控制区（TRIGGER）：主要包括触发电平设置旋钮（LEVEL）、触发设置按钮（MENU）、单次触发按钮（SINGLE）、输入信号单次获取按钮（FORCE）。

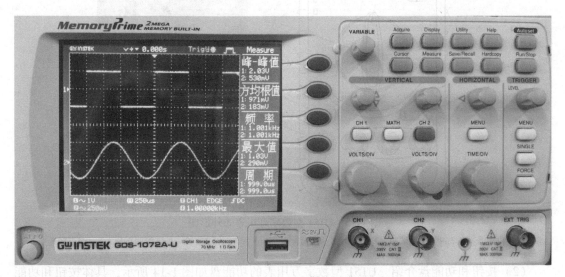

图 1-12 GDS－1072A－U 型数字示波器面板图

（3）使用方法

1）接通电源，并开机。

2）按下通道1/通道2设置按钮CH1/CH2，设置恰当的耦合方式（交流耦合、直流耦合、接地），设置恰当的测量物理量和倍率，一般选择"电压×1"。

3）通过同轴电缆，从CH1或者CH2输入信号。

4）按下自动按钮，等待波形稳定。如果输入信号幅度偏小，则手动调节电压灵敏度调节旋钮和时间扫描因子调节旋钮，可以使波形以恰当大小显示；如果输入信号幅度偏大，则改变通道倍率，可以使波形以恰当大小显示。

5）按下测量按钮，读数。

4. UT51型数字万用表

全新UT50系列中的UT51型$3\frac{1}{2}$位（三位半）数字万用表（DMM）是一种性能稳定、高可靠性手持式数字万用表，整机电路设计以大规模集成电路、双积分A－D转换器为核心并配以全功能过载保护，可用来测量直流和交流电压、电流、电阻、电容、二极管、温度、频率以及电路通断，是用户理想的测量工具。

（1）外观介绍　UT51型数字万用表的外形如图1-13所示。

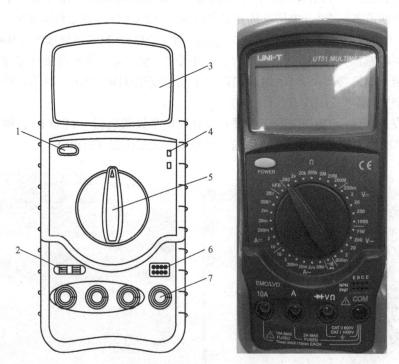

图1-13　UT51型数字万用表的外形图

1—电源开关　2—电容测试座　3—LCD　4—温度测试座　5—功能开关　6—晶体管测试座　7—输入插座

（2）按钮和功能盘介绍　UT51型数字万用表的功能盘如图1-14所示，具体按钮和功能说明见表1-1。

图 1-14 UT51 型数字万用表的功能盘图

表 1-1 UT51 型数字万用表的按钮和功能说明

序 号	按钮或功能旋钮位置	功 能 说 明
1	POWER	电源开关
2	Ω	电阻测量档①
3	V⎓	直流电压测量档，最大电压不能高于 1000V
4	V ~	交流电压测量档，最大电压不能高于 750V
5	A⎓	直流电流测量档，最大电流不能高于 10A
6	A ~	交流电流测量档，最大电流不能高于 10A
7	hFE	晶体管放大倍数测量档
8	▶┠、┅》)	二极管测量档和电路通断检测档②

① Ω 档对应 200 档位单位为 Ω，对应 2k/20k/200k 档位，单位为 kΩ，对应 2M/20M/200M 档位，单位为 MΩ。

② 如果检测二极管，则二极管正向连接时，显示的结果约为二极管正向压降，单位是 mV，反向连接时，显示的结果是 "1."，表示无穷大；如果检测电路通断，则表笔两端之间的电阻值低于 70Ω 时内置蜂鸣器发声。

（3）表笔连接方法

1）电路测量：黑表笔接 COM 孔，红表笔接 Ω 孔。

2）直流电压测量：黑表笔接 COM 孔，红表笔接 V 孔。

3）交流电压测量：黑表笔接 COM 孔，红表笔接 V 孔。

4）二极管测量：黑表笔接 COM 孔，红表笔接 ▶┠ 孔。

5）电路通断测量：黑表笔接 COM 孔，红表笔接 ▶┠ 孔。

6）直流电流测量：黑表笔接 COM 孔，若检测电流小于 2A，则红表笔接 A 孔；若检测电流大于 2A，则红表笔接 10A 孔。

7）交流电流测量：黑表笔接 COM 孔，若检测电流小于 2A，则红表笔接 A 孔；若检测电流大于 2A，则红表笔接 10A 孔。

8）晶体管测量：该功能下不需要使用表笔，将晶体管按照型号和管脚插入晶体管检测口即可。

四、技能实训须知

1. 实训目的与要求

（1）实训目的

1）配合课堂教学内容，验证、巩固和加深理解所学的理论知识。

2）掌握常用电子元器件的识别、检测和应用方法。

3）正确选择和使用常用的电子仪器和仪表。

4）熟悉电子线路的制作、安装、调试及测试方法。

5）培养学生的基本实践技能，为后续课程实训和理论课的学习奠定基础。

6）培养学生分析和整理实训数据，书写实训报告的能力。

（2）基本要求

1）具备初步的电子线路识图、绘图能力。

2）具备简单电子线路的设计、组装和调试能力。

3）具备分析和排除简单电子线路故障的能力。

4）掌握常用工具、仪器、仪表的使用方法。

5）了解各类电路性能的基本测试方法。

6）能够按照要求完成实训内容，并写出科学、严谨、整洁的实训报告。

（3）素质要求

1）浓厚的职业兴趣。

2）较强的工作责任心。

3）良好的心理素质。

4）良好的合作精神。

5）初步的创新意识。

6）在电子技能实训中树立正确的科学观和方法论。

2. 实训的基本过程

实训的基本过程应包括如下步骤：确定实训内容→选定最佳的实训方法和实训线路→拟出较好的实训步骤→合理选择仪器设备和元器件→进行电路连接、安装和调试→写出完整的实训报告。

在进行电子线路技能实训时，充分掌握和正确利用元器件及其构成的电子线路独有的特点和规律，可以起到事半功倍的效果。对于每一个实训，应做好实训预习、实训记录和实训报告等环节的工作。

（1）实训预习　认真预习是做好实训的关键。预习好坏不仅关系到实训能否顺利进行，而且直接影响实训效果。每次实训前，首先要认真复习有关实训的基本原理，掌握有关元器件的使用方法，对如何着手实训做到心中有数。通过预习，还应做好实训前的准备，写出预习报告，其内容包括：

1）绘出设计好的实训电路图，该图应该是逻辑图和连线图的混合，既便于连接线，又反映电路原理，并在图上标出元器件型号、使用的引脚号及元器件数值，必要时还需用文字说明。

2）拟定实训方法和步骤。

3）拟好记录实训数据的表格和波形坐标。

4）列出元器件清单。

（2）实训记录　实训记录是实训过程中获得的第一手资料。测试过程中所测试的数据和波形必须与理论基本一致，所以记录必须清楚、合理、正确，若不正确，则要现场及时重复测试，找出原因。实训记录应包括如下内容。

1）实训任务、名称及内容。

2）实训数据和波形以及实训中出现的现象，从记录中应能初步判断实训的正确性。

3）记录波形时，应注意输入、输出波形的时间相位关系，在坐标中上下对齐。

4）实训中实际使用的仪器型号、编号以及实际使用的元器件完好情况。

（3）实训报告　撰写实训报告是培养学生科学实训的总结能力和分析思维能力的有效手段，也是一项重要的基本功训练，它能很好地帮助学生巩固实训成果，加深对基本理论的认识和理解，从而进一步扩大学生的知识面。

实训报告是一份技术总结，要求文字简洁、内容清楚、图表工整。报告内容应包括实训目的、实训内容和结果、实训使用仪器和元器件以及分析讨论等，其中实训内容和结果是报告的主要部分，它应包括实际完成的全部实训，并且要按实训任务逐个书写，每个实训任务应包含如下内容：

1）实训课题的框图、逻辑图（或测试电路）、状态图、真值表以及文字说明等，对于设计性课题，还应有整个设计过程和关键的设计技巧说明。

2）实训记录和经过整理的数据、表格、曲线、波形图，其中表格、曲线、波形图应充分利用专用实训报告简易坐标格，并且用三角板、曲线板等工具描绘，力求画得准确，不得随手示意画出。

3）实训结果分析、讨论及结论，对讨论的范围没有严格要求，一般应对重要的实训现象、结论加以讨论，以便进一步加深理解，此外，对实训中的异常现象，可做一些简要说明，实训中有何收获，可谈一些心得体会。

3. 操作规范

实训操作的规范性直接决定了实训的结果，因此，在实训过程中，实训者需要按照实训操作规范严格执行实训内容。具体的实训规程如下：

（1）搭接电路　搭接实训电路前，应对仪器设备进行必要的检查和校准，对所用集成电路进行功能测试。搭接电路时，应遵循正确的布线原则和操作步骤（即要按照先接线后通电，结束后先断电再拆线的步骤）。

（2）科学调试　掌握科学的电路调试方法，有效地分析并检查电路故障，以确保电路工作稳定、可靠。

（3）认真记录　选择合适的仪器进行数据的读取，并仔细观察实训现象，完整、准确地记录实训数据并与理论值进行比较分析。

（4）实训结束　实训完毕，经指导教师同意后，方可关断电源，拆除连线，整理好放在实训箱内，并将实训台清理干净。

4. 布线要求

在电子线路技能实训中，由错误布线引起的故障占很大比例。布线错误不仅会引起电路故障，严重时甚至会损坏元器件，因此，注意布线的合理性和科学性是十分必要的。正确的布线方法大致有以下几点：

（1）布线原则　布线的基本原则是便于检查、排除故障和更换元器件。

（2）安装芯片　接插电路芯片时，先校准两排引脚，使之与实验板的插孔对应，轻轻用力将芯片插上，然后在确定引脚与插孔完全吻合后，再稍用力将其插紧，以免集成电路芯片的引脚弯曲、折断或者接触不良。

（3）注意芯片引脚　不允许将集成电路芯片方向插反，一般芯片的方向是缺口（或标记）朝左，引脚序号从左下方的第一个引脚开始，按逆时钟方向依次递增至左上方的第一个引脚。

（4）选取导线　选取的导线应粗细适当，一般选取直径为 $0.6 \sim 0.8$ mm 的单股导线，最好采用各种色线以区别不同用途，如电源线用红色、地线用黑色等。

（5）电路布局　当实训电路的规模较大时，应注意集成器件的合理布局，以便得到最佳布线，布线时，顺便对单个集成器件进行功能测试。这是一种良好的习惯，实际上这样做不会增加布线工作量。

（6）电路布线　布线应有秩序地进行，随意乱接容易造成漏接、错接，较好的方法是接好固定电平点，如电源线、地线、门电路闲置输入端、触发器异步置位复位端等，其次，再按信号源的顺序从输入到输出依次布线。

连线应避免过长，避免从集成器件上方跨接，避免过多的重叠交错，以利于布线、更换元器件以及故障检查和排除。

（7）电路调试　布线和调试工作是不能完全分开的，往往需要交替进行。对于大型实训，元器件数量很多时，可将总电路按其功能划分为若干相对独立的部分，逐个布线、调试（分调），然后将各部分连接起来（联调）。

5. 常见故障的检查方法

实训中，如果电路不能完成预定的功能，就称电路有故障。产生故障大致是由操作不当（如布线错误等）、设计不当（如电路出现险象等）、元器件使用不当或功能不正常、仪器和元器件本身出现故障这四个方面的原因引起的。常见的故障检查方法有以下七种。

（1）查线法　由于实训中大部分故障都是由于布线错误引起的，因此，在故障发生时，复查电路连线为排除故障的有效方法。应着重注意：有无漏线、错线，导线与插孔接触是否可靠，集成电路是否插牢、集成电路是否插反等。

（2）观察法　用万用表直接测量各集成块的电源端是否加上电源电压；输入信号、时钟脉冲等是否加到实训电路上，观察输出端有无反应。重复测试观察故障现象，然后对某一故障状态，用仪器测试各输入/输出端的信号，从而判断出是否是插座板、集成块引脚连接线等原因造成的故障。

（3）信号注入法 在电路的每一级输入端加上特定信号，观察该级输出响应，从而确定该级是否有故障，必要时可以切断周围连线，避免相互影响。

（4）信号寻迹法 在电路的输入端加上特定信号，按照信号流向逐级检查是否有响应和是否正确，必要时可多次输入不同信号。

（5）替换法 对于多输入端器件，如有多余端则可调换另一输入端试用。必要时可更换器件，以排除器件功能不正常所引起的故障。

（6）动态逐线跟踪检查法 对于时序电路，可输入时钟信号按信号流向依次检查各级波形，直到找出故障点为止。

（7）断开反馈线检查法 对于含有反馈线的闭合电路，应该设法断开反馈线进行检查，或进行状态预置后再进行检查。

需要强调指出，实训经验对于故障检查是大有帮助的，但只要充分预习，掌握基本理论和实训原理，就不难用逻辑思维的方法较好地判断和排除故障。

第二部分 模拟电子线路基础技能实训

技能实训一 无源元件的识别与检测

一、实训目的

1）学会从外形识别电阻、电容、电感等无源元件。
2）能正确识别无源元件的各类标称值。
3）能使用万用表检测无源元件的质量与实际值。
4）增强专业意识，培养良好的职业道德和职业习惯。

二、实训设备与器件

1）数字万用表（UT51 型）一块。
2）变阻器、五环色环电阻、四环色环电阻各一个。
3）电解电容、陶瓷无极性电容、无极性聚合物电容各一个。
3）线绕电感、磁珠、变压器各一个。
4）导线、开关、熔丝若干。

三、实训原理

1. 电阻识别与标称

（1）直标法 直标法是一种常见的标注方法，特别是在体积较大（功率大）的电阻器上采用。它将该电阻器的标称阻值和允许偏差、型号、功率等参数直接标在电阻器表面，如图 2-1 所示，电阻的标称值是 51kΩ，允许偏差是 ±5%，功率是 1W。

（2）文字符号标注法 文字符号标注法和直标法相同，也是直接将有关参数印制在电阻体上，一般用于变阻器。如图 2-2 所示，电阻的标称值是 4.7kΩ，功率是 2W。

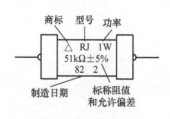

图 2-1 电阻直标法

图 2-2 电阻文字符号标注法

（3）数字标注法　数字标注法一般用于贴片电阻、小体积可调电阻，一般用三位数字表示，前两位是有效数字，后一位是 10 的几次方，单位为欧姆（Ω）。如图 2-3 所示电阻阻值是：103——$10 \times 10^3 \Omega = 10k\Omega$。

a) 贴片电阻　　　　　　　　　　b) 小功率可调电阻

图 2-3　电阻数字标注法

（4）色标法　色标法是指在电阻器上用不同的颜色代表不同的标称值和允许偏差，可以分为色环法和色点法两种。其中，最常用的是色环法。色环电阻的颜色定义见表 2-1。

表 2-1　色环电阻的颜色定义

序　号	颜　色	数　字	倍　率	允许偏差	备　注
1	黑	0	0	—	只做中间环
2	棕	1	10	±1%	可以做五环电阻的最后一环
3	红	2	100	±2%	
4	橙	3	1000	—	
5	黄	4	10000	—	
6	绿	5	100000	—	
7	蓝	6	1000000	—	不可以做最后一环
8	紫	7	10000000	—	
9	灰	8	100000000	—	
10	白	9	1000000000	—	
11	金	—	0.1	±5%	只可以做四环电阻的最后一环
12	银	—	0.01	±10%	

四环前两位为有效数字，第三位为 10 的几次方，最后一位为允许偏差；五环前三位为有效数字，第四位为 10 的几次方，最后一位为允许偏差。

识别色标法电阻的阻值最关键的是要判断出哪一环是第一环、哪一环是最后一环。常用的判断手段有：金银两色只可以做最后一环；黑色不可以做第一环；橙黄绿蓝紫灰白不可以做最后一环；四环电阻的最后一环一定为金银两色；五环电阻的最后一环一般为棕红两色；四环电阻的最后一环与前面三环（五环电阻的最后一环与前面四环）的间隔要相对较大。

图 2-4 所示为四环电阻和五环电阻。其中四环电阻的色序为棕黑棕金，对应的阻值为 $10 \times 10^1 \Omega = 100\Omega$，允许偏差为 ±5%；五环电阻的色序为红红黑棕棕，对应的阻值为 220 × $10^1 \Omega = 2200\Omega = 2.2k\Omega$，允许偏差为 ±1%。

2. 电容识别与标称

（1）起动电容　起动电容一般是用来起动单相异步电动机，是一种电解电容或聚丙烯、聚酯电容。常见的两种起动电容实例如图 2-5 所示，该类电容的体积较大，它的参数和极性

a) 四环电阻

b) 五环电阻

图 2-4　电阻色环标注法

一般直接标注在电容器的表面，图中所示电风扇起动电容的电容值为 $1.5\mu F$，允许偏差为 $\pm 5\%$，耐压值为 AC 450V；空调器起动电容的电容值为 $30\mu F$，允许偏差为 $\pm 5\%$，耐压值为 AC 450V。

a) 电风扇起动电容

b) 空调器起动电容

图 2-5　常见起动电容实例

（2）普通极性电解电容　极性电解电容稳定性一般，一般用作对精确度要求不高的旁路电容、耦合电容、滤波电容、去耦电容等。如图 2-6 所示，该类电容标注一般采用带单位的直标法和不标单位的直标法，不标单位的直标法的单位默认是 μF，图 2-6a 所示直插型铝壳电解电容的电容值为 $4700\mu F$，耐压值为 50V；图 2-6b 所示贴片型铝壳电解电容的电容值为

a) 直插型铝壳电解电容

b) 贴片型铝壳电解电容

图 2-6　常见普通极性电解电容实例

$220\mu F$，耐压值为 50V。该类电容具有方向性，对于图 2-6a 所示的直插型电解电容，极性判读方法如下：①长脚为正极；②圆柱体表面白色条纹的为负极。对于图 2-6b 所示的贴片型电解电容，极性判读方法如下：元件的表面标有黑色条纹，该条纹对应的引脚为正极。

（3）瓷片电容　瓷片电容由于具有良好的稳定性，主要用于耦合、去耦、平滑、滤波器等精确度要求较高的场合，一般是无极性电容。如图 2-7 所示，该类电容直插封装一般采用数字标注法，默认单位是 pF，贴片陶瓷电容由于工艺原因，不能带丝印，所以一般无标注。图 2-7a 中高压陶瓷电容的电容值标注为 103，对应的电容值为 $10 \times 10^3 pF = 0.01 \mu F$，耐压值为 1kV；图 2-7b 中普通陶瓷电容的电容值是 30，对应 30pF，耐压值为 63V；图 2-7c 中贴片陶瓷电容由于工艺原因，一般不标注电容值，其标注需要看包装。

a) 高压陶瓷电容　　　　　　　b) 普通陶瓷电容　　　　　　　c) 贴片陶瓷电容

图 2-7　常见瓷片电容实例

（4）钽电容　钽电容具有良好的稳定性，主要用于耦合、去耦、平滑、滤波器等精确度要求较高的场合。如图 2-8 所示，钽电容一般是极性电容，贴片封装的极性由表面条纹决定，有条纹的一端为正极；直插封装的长脚为正。该类电容一般采用数字标注法，默认单位是 pF，图示贴片钽电容的电容值标注为 107，对应的电容值为 $10 \times 10^7 pF = 100 \mu F$。

a) 贴片钽电容　　　　　　　　　　　b) 直插钽电容

图 2-8　常见钽电容实例

（5）无极性聚合物或金属氧化膜电容　无极性聚合物或金属氧化膜电容由于无极性、较大容值和高耐压性，一般用于滤波、噪声抑制回路，脉动、逻辑及定时回路，通信设备中隔直流、旁路及信号耦合等场合。如图 2-9 所示，无极性聚合物电容一般是直插封装，体积较大。该类电容一般采用数字标注法，默认单位是 pF，图示无极性聚合物电容的电容值标注为 105，对应的电容值为 $10 \times 10^5 pF = 1 \mu F$，耐压值为 630V。

图 2-9　无极性聚合物电容实例

3. 电感识别与标称

（1）色环电感　色环电感的标注方法基本与色环电阻是一致的，只是从外观上面看上去，色环电感比色环电阻更粗一些，电阻一般呈"工"字形，电感一般呈"葫芦"形。具体颜色定义见表 2-2，默认单位是 μH。

表 2-2　色环电感颜色定义

序　号	颜　色	数　字	倍　率	允许偏差	备　注
1	黑	0	0	±20%	
2	棕	1	10	—	不可以做第一环
3	红	2	100	—	
4	橙	3	1000	—	
5	黄	4	10000	—	
6	绿	5	100000	—	
7	蓝	6	—	—	不可以做最后一环
8	紫	7	—	—	
9	灰	8	—	—	
10	白	9	—	—	
11	金	—	0.1	±5%	不可以做第一、二环
12	银	—	0.01	±10%	

图 2-10 所示为色环电感，其色序为棕黑橙金，对应的电感值为 $10 \times 10^3 \mu H = 10mH$，允许偏差为 ±5%。

（2）工字形电感　工字形电感形状如"工"，一般用于大电流场合，如用于开关电源防浪涌和滤波。常见工字形电感如图 2-11 所示，其电感值一般标注在表面，多采用数字标注法，默认单位为 μH。如图 2-11b 所示，电感标注 220，对应电感值为 $22 \times 10^0 \mu H = 22 \mu H$；电感标注 4R7，对应电感值为 $4.7 \mu H$。

（3）磁珠　磁珠是一种贴片式小电流电感，一般用于小电流场合，比如小电源的隔离、滤波等。由于体积较小，其表面上无标注，其标注需要看包装，具体实物如图 2-12 所示。

图 2-10　色环电感实例

a) 直插型工字形电感　　　　　b) 贴片型工字形电感

图 2-11　常见工字形电感实例

图 2-12　磁珠实物图

4. 电阻类元件

电阻类元件是指具有电阻特性的元件，一般包括开关、导线、熔丝等，它们只具有两种状态：开路（电阻为无穷大）、短路（电阻极小，几乎为零）。

四、实训内容与步骤

1. 电阻及电阻类元件的识别与检测

1）仔细观察手头的各类元器件，挑选出所有电阻及电阻类元件，并初步观察其好坏。

2）从找到的电阻及电阻类元件中，挑选出变阻器、四环电阻、五环电阻、熔丝、导线各一个，读出它们的标称电阻值，填入表2-3。

3）使用数字万用表测量电阻及电阻类元件的阻值及质量好坏。

测量方法：连接好数字万用表的表笔线，并调节至电阻档，根据标称值选择合适的量程，将数字万用表表笔分别接在电阻的两端（变阻器中间引脚不连接），将读取的电阻值记录到表2-3中，并判断电阻（类）元件的好坏。

表2-3　电阻及电阻类元件测量

类型 项目	变 阻 器	四 环 电 阻	五 环 电 阻	熔　　丝	导　　线
色环	—			—	—
标称值				—	—
万用表测量值					
质量判断（好坏）					

4）使用数字万用表观测变阻器改变电阻值的方式。

操作方法：连接好数字万用表的表笔线，并调节至电阻档，根据标称值选择合适的量程，将数字万用表的表笔线一根连接变阻器的中间引脚，另外一根连接变阻器的其余任意一个引脚，调节变阻器的可调旋钮，仔细观察数字万用表上的数据变化与旋钮调节方向的关系。

2. 电容的识别与检测

1）仔细观察手头的各类元器件，挑选出所有电容，并初步观察其好坏。

2）从找到的电容中，挑选出极性电解电容、瓷片电容、无极性聚合物电容各一个，读出它们的标称电容值与耐压值，填入表2-4。

3）使用数字万用表测量电容值。

测量方法：打开数字万用表的开关，将电容插入电容测试座中，等待数字万用表显示屏的数据稳定后读取数据，并记录到表2-4中。

4）使用数字万用表判断电容的好坏。

使用数字万用表检测电容器的好坏，一般测量1μF以下电容器时，选择"电阻2M"及以上档位；测量1～100μF的电容器时，选择"电阻200k"档位；大于100μF的电容器，

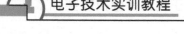

选择"电阻 20k"档位。但是，为了可以更清晰观测到电容器的充电过程，建议使用量程更高的档位。下面以 220μF 电容器为例，详细介绍操作过程和结论。

① 将电容器的两个引脚进行短路放电，以免因内部存储的电荷对实验人员造成电击，同时可以确保测量结果更为精确。

② 将数字万用表选择"电阻 20k"档位，两只表笔分别与被测量电容器的两个引脚相连接。

③ 如果示数从 0 开始，逐步增加，直至显示溢出符号"1."，则电容器性能良好，示数增加越快，性能越好；如果测量结果显示 0，或者一个较小值，且保持不动，说明电容器极板之间发生了短路故障，电容器将不可再使用；如果测量时，显示结果直接显示溢出符号"1."，选择最高档位继续测量，测量结果均直接显示溢出符号"1."，则说明电容器的内部发生了开路故障，电容器将不可再使用。

表 2-4 电容测量

项目 \ 类型	极性电解电容	瓷 片 电 容	无极性聚合物电容
标称电容值			
耐压值		—	
*万用表测量值			
*正向漏电阻			
*反向漏电阻			
质量好坏			

*3. 电感的识别与检测

1）仔细观察手头的各类元器件，挑选出所有电感，并初步观察其好坏。

2）使用数字万用表判断电感的好坏。

操作方法：连接好数字万用表的表笔线，并调节至电阻档，选择"200"档位，将数字万用表表笔分别接在电感的两端，将读取的电阻值记录到表 2-5 中，并判断其好坏。

表 2-5 电感测量

项目 \ 类型	线绕电感	磁 珠	变 压 器
内阻			
质量好坏			

五、实训注意事项

连续使用电容测量档位测量电容值，每次转换量程时，都要等待一段时间，使万用表彻底复零，否则，会有漂移读数存在，这会影响测试精度。

六、实训报告

1）如实记录测量数据。

2）结合观察到的变阻器改变电阻值的过程，画出变阻器连接到电路中的电路图。

3）实际读得的各种元件的测量值和标称值为什么存在差别？

技能实训二　有源器件的识别与检测

一、实训目的

1）学会从外形识别发光二极管、整流二极管、晶体管等有源器件。

2）能通过网络查找学习资料。

3）能使用万用表检测二极管的极性与质量好坏。

4）能使用万用表检测晶体管的极性与放大倍数。

5）增强专业意识，培养良好的职业道德和职业习惯。

二、实训设备与器件

1）数字万用表（UT51 型）一块。

2）红色发光二极管、1N4007、1N4148、1N4739、晶体管 9013、晶体管 3DG6、晶体管 8050、晶体管 8550、场效应晶体管 IRF530 各一个。

三、实训原理

1. 二极管

（1）符号与特性　二极管在电路中常用"VD"加数字表示，如：VD5 表示编号为 5 的二极管。

二极管最大的特性就是单向导电性。如果使二极管的正极（阳极）接高电位，负极（阴极）接低电位，则二极管导通，此时呈现一个很小的阻抗，硅管的导通压降为 0.6 ~ 0.7V，锗管的导通压降为 0.2 ~ 0.3V；如果使二极管的负极（阴极）接高电位，正极（阳极）接低电位，则二极管截止，此时呈现一个很大的阻抗，近似开路。

（2）常见二极管　二极管按作用可分为整流二极管（如 1N4001 ~ 1N4007）、开关二极管（如 1N4148）、肖特基二极管（如 BAT85）、发光二极管和稳压二极管等。本书以整流二极管和发光二极管为例介绍二极管的识别。

1）整流二极管。整流二极管一般为平面型硅二极管，用于各种电源整流电路中。选用整流二极管时，主要应考虑其最大整流电流、最大反向耐压值、截止频率及反向恢复时间等参数。

普通串联稳压电源电路中使用的整流二极管，对截止频率的反向恢复时间要求不高，只要根据电路的要求选择最大整流电流和最大反向耐压值符合要求的整流二极管即可，例如 1N 系列、2CZ 系列、RLR 系列等。

开关稳压电源的整流电路及脉冲整流电路中使用的整流二极管，应选用工作频率较高、反向恢复时间较短的整流二极管（如 RU 系列、EU 系列、V 系列、1SR 系列等）或选择快恢复二极管，还有一种肖特基整流二极管。

图 2-13 所示为整流二极管的实物图和图形符号，图 2-13a、b 有标识的一端为器件的阴极，此判断法在二极管识别中通用。

a) 直插1N4007　　　　　　　　b) 贴片1N4007　　　　　　　c) 图形符号

图 2-13　整流二极管

2）发光二极管。发光二极管是指可以发光的二极管，简称为 LED，一般由含镓（Ga）、砷（As）、磷（P）、氮（N）等的化合物制成。图 2-14a、b、c 分别是普通发光二极管、双色发光二极管、贴片发光二极管的实物图，图 2-14d 是发光二极管的图形符号。

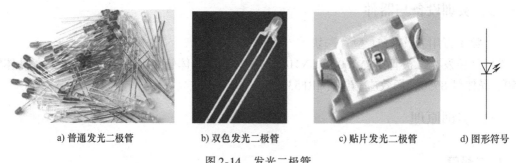

a) 普通发光二极管　　　　b) 双色发光二极管　　　　c)贴片发光二极管　　　d) 图形符号

图 2-14　发光二极管

对于普通发光二极管，一般长脚为阳极、短脚为阴极，如果通过塑料透镜看宽窄片，宽片为阴极，窄片为阳极。对于共阴极双色发光二极管，一般中间脚是公共阴极，另外两个为阳极；共阳极双色发光二极管一般中间脚是公共阳极，另外两个为阴极。对于贴片发光二极管，一般器件的表面有绿色或蓝色标记的一端为阴极。

（3）二极管的检测方法　在数字万用表的电阻档内，设置了二极管、蜂鸣器档位。该档位用来检测二极管的极性与好坏，以及检测电路的通断情况。该档位实质上是一个"1mA"的恒流源，电流从红表笔流向黑表笔。当测量晶体管、电阻等元器件时，其显示的是 3 位有效数字的电压，比如显示"582"，就是 582mV。

将黑表笔插入 COM 插孔，红表笔插入 V Ω 插孔（红表笔极性为 + ），并将功能开关置于"➔▸▮ 、•))）"档，红表笔、黑表笔分别和二极管的阴极、阳极相连。如果显示"1"，表示出现测量溢出，此时红表笔连接的是阴极，黑表笔连接的是阳极；交换两笔后重复上述测量步骤，则会显示一个 3 位有效数字，此数字表示"1mA"的电流正向流过二极管时，二极管产生的正向导通压降，此时红表笔连接的是阳极，黑表笔连接的是阴极；如果两次测量都显示溢出，表示二极管已经开路。

根据正向压降的大小，还可以判断二极管的材料。如果显示的电压为 1.5～1.9V，则被测二极管是发光二极管；显示的电压为 0.5～0.7V，则被测二极管是硅材质的；如果显示的电压是 0.1～0.3V，则被测二极管是锗材质的；如果显示的结果小于 0.1V，或者蜂鸣，则表示二极管已经被击穿。

2. 晶体管

（1）认识晶体管　晶体管在电路中常用"VT"加数字表示，如：VT6 表示编号为 6 的晶体管。

晶体管具有 3 个极、3 个区、2 个 PN 结。根据内部结构可以分成 NPN 型和 PNP 型两大类。本书用到的晶体管有 9013、8050、8550、3DG6。直插式晶体管可以通过表面的丝印直接读出该晶体管是何种型号，图 2-15 所示分别为 9013 和 3DG6 晶体管。

对于图 2-15a 所示样式的晶体管，管脚顺序判断方法是：管脚朝下，有字的一面面向自己，弧面背向自己，左手起分别是 1 脚、2 脚、3 脚。对于图 2-15b 所示样式的晶体管管脚顺序判断方法是：引脚朝下，凸起的金属片朝左边，按逆时针方向分别是 1 脚、2 脚、3 脚，具体参见附录 E。

a) 直插9013　　　　　　　　　　b) 直插3DG6

图 2-15　常见晶体管

（2）晶体管的检测方法　数字万用表具有一个"hFE"档位，可以用来测量类型确定的晶体管的电流放大倍数。测量时，将基极、发射极和集电极分别插入面板上相应的插孔，显示器上将显示电流放大倍数的近似值。

四、实训内容与步骤

1. 二极管的识别与检测

1）仔细观察手头的各类器件，挑选出所有二极管，分别摆放，并把它们的类型名记录到表 2-6 中。

2）用数字万用表分别测量二极管的正向压降、反向压降，并将结果填入表 2-6。测试方法：将黑表笔插入 COM 插孔，红表笔插入 VΩ 插孔（红表笔极性为 +），并将功能开关置于"➤⊢ 、·)))"档，红表笔、黑表笔分别和二极管的阴极、阳极相连，读取数字万用表显示器上的数据即可，并根据测量结果判断二极管的材质和质量。

表 2-6　二极管识别与测量

项目＼类型	二极管 1 开关二极管	二极管 2 整流二极管	二极管 3 发光二极管	二极管 4 稳压二极管
二极管类型名				
正向压降/mV				
反向压降/mV				
材质			—	
质量判断（好坏）				

2. 晶体管的识别与检测

1）仔细观察手头的各类器件，挑选出所有晶体管，分别摆放，并把它们的类型名记录到表 2-7 中。

2）查资料，找出手上各种晶体管的管脚与 3 个极之间的关系，并把示意图画到表 2-7 中。

3）查资料，找出手上各种晶体管属于 NPN 型、PNP 型、N 沟道、P 沟道中的何型号，分别填入表 2-7 中。

4）用数字万用表分别测量晶体管 1、晶体管 2、晶体管 3、晶体管 4、场效应晶体管的电流放大倍数，并将结果填入表 2-7 中。测试方法：按照 PNP/NPN 型，将基极 b、发射极 e 和集电极 c 分别插入面板上相应的插孔，从数字万用表显示器上可以直接读取电流放大倍数。

表 2-7　晶体管识别与测量

项目＼类型	晶体管 1	晶体管 2	晶体管 3	晶体管 4	场效应晶体管
晶体管类型名					
引脚与 3 个极的关系					
NPN/PNP/N 沟道/P 沟道					
电流放大倍数					

五、实训注意事项

1）测量时，手不要碰到器件的管脚，以免人体电阻的介入影响测量的准确性。

2）在实训过程中，由于需要用手直接接触器件，请轻拿轻放。

六、实训报告

1）如实记录测量数据。

2）如果使用指针式万用表来检测二极管，应该选择什么档位，表笔如何连接？

3）使用万用表检测不同颜色的发光二极管，读数是否有差异？为什么？

技能实训三 基本仪器的识别与使用

一、实训目的

1）了解实训室基本仪器的用途。
2）认识直流稳压电源、函数信号发生器、数字示波器及数字交流毫伏表等。
3）掌握直流稳压电源、函数信号发生器、数字示波器及数字交流毫伏表的使用。
4）增强专业意识，培养良好的职业道德和职业习惯。

二、实训设备与器件

1）直流稳压电源、函数信号发生器、数字示波器、数字交流毫伏表各一台。
2）同轴电缆若干。

三、实训原理

1. 仪器的基本分类与识别

（1）仪器分类 电子技术常用仪器按照用途可以分为测量用仪器和信号发生用仪器两大类，具体划分如图 2-16 所示。

（2）仪器识别

1）万用表。电子技术实训室中使用的万用表是 UT51 型数字万用表，它的实物图如图 2-17 所示。

UT51 型数字万用表是 $3\frac{1}{2}$ 位（三位半）性能稳定、高可靠性手持式数字多用表，可用来测量直流和交流电压、电流、电阻、电容、二极管、温度、频率以及电路通断等。需要注意的是，使用数字万用表测量交流电的时候是以正弦信号的有效值进行标定

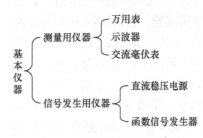

图 2-16 按照信号类型分类

的，因此数字万用表的交流档只能直接测量正弦信号，且被测正弦信号的频率一般不要超过规定的频率范围。以图示 UT51 型数字万用表为例，可测正弦电压和正弦电流的频率范围为 40 ~ 400Hz。

2）直流稳压电源。电子技术实训室中使用的直流稳压电源是 GPS - 3303C 型直流稳压电源，它的实物图如图 2-18 所示。GPS - 3303C 型直流电源可提供两组独立输出 CH1、CH2 以及一组固定 5V 输出的电压 CH3，其中 CH1 和 CH2 可以设置成独立、串联、并联三种工作模式，非常实用又方便。

3）函数信号发生器。电子技术实训室中使用的函数信号发生器是 AFG - 2005 型函数信号发生器，它的实物图如图 2-19 所示。AFG - 2005 型函数信号发生器输出信号频率范围为 0.1Hz ~ 5MHz；输出波形类型有正弦波、方波、三角波、噪声波、ARB；输出幅度范围为 1mV ~ 10V（接 50Ω）。

图 2-17 UT51 型数字万用表的实物图

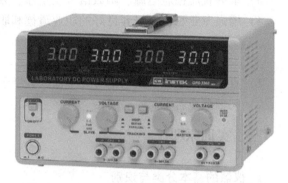

图 2-18 GPS-3303C 型直流稳压电源的实物图

4）示波器。电子技术实训室中使用的示波器是 GDS-1072A-U 型数字示波器，它的实物图如图 2-20 所示。GDS-1072A-U 型数字示波器的参数如下：带宽为 70MHz；通道数为 2 通道；实时采样率为 1GSa/s，等效采样率为 25GSa/s，2M 存储深度；5.7in 彩色 TFT LCD 显示，支持 U 盘存储。

图 2-19 AFG-2005 型函数信号发生器的实物图

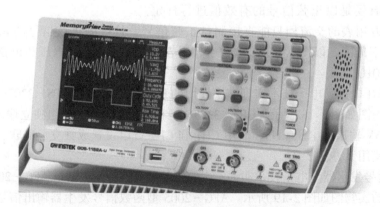

图 2-20 GDS-1072A-U 型数字示波器的实物图

5）交流毫伏表。电子技术实训室使用的交流毫伏表是 SP1930 型数字交流毫伏表，它的实物图如图 2-21 所示。SP1930 型数字交流毫伏表是一种通用型的智能化数字交流毫伏表/频率计，该仪器适用于测量频率 5Hz～3MHz，电压 100μV～400V 的正弦波有效值电压。该仪器采用绿色 LED 显示，读数清晰、视觉好、寿命长，同时具有测量精度高、测量速度快、输入阻抗高及频率响应误差小等优点。

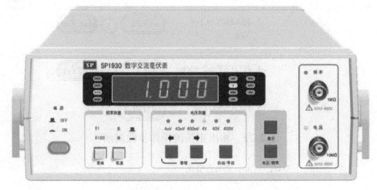

图 2-21　SP1930 型数字交流毫伏表的实物图

2. 仪器基本使用方法

（1）直流稳压电源的使用　GPS－3303C 型直流稳压电源具有 CH1、CH2、CH3 三个通道，可以组合成独立输出、串联输出、并联输出三种工作模式，具体操作方式、通道指标和功能说明见表 2-8。

表 2-8　直流稳压电源的三种工作模式的操作方式、通道指标和功能说明

工作模式	操作方式	通道指标	功能说明
独立模式（INDEP）	两个按键都未按下	CH1：3A 30V CH2：3A 30V CH3：3A 05V	一般用作单极性电压源
串联模式（SERIES）	只按下左键不按下右键	CH1 + CH2：3A 60V 或 3A ±30V CH3：3A 05V	CH2 的正（红）和 CH1 的负（黑）自动相连，输出电压由 CH1 控制。可以用作单极性电压源（CH2 的负为虚地，CH1 的正为正电压输出），更多的是用作双极性电压源使用（CH2 的正和 CH1 的负为虚地，CH2 的负为负电压输出，CH1 的正为正电压输出）
并联模式（PARALLEL）	两个键同时按下	CH1 // CH2：6A 30V CH3：3A 05V	CH2 的正（红）和 CH1 的正（红）自动相连，CH2 的负（黑）和 CH1 的负（黑）自动相连。输出最大电压和最大电流受 CH1 控制

（2）函数信号发生器的使用　AFG－2005 型函数信号发生器可以输出正弦波、方波、三角波、噪声波、ARB 等信号。图 2-22～图 2-24 以图解法分别列出了输出正弦波、方波、三角波几种典型信号的操作步骤和方法。信号全部从 50Ω MAIN 同轴接线柱输出。

如：正弦波，10kHz，1Vpp，DC 2V

Output
MAIN
50Ω
1. 重复按FUNC键选择正弦波
FUNC
2. 按FREQ→1→0→kHz
FREQ
1
0
kHz/Vrms
3. 按AMPL→1→Vpp
AMPL
1
Hz/Vpp
4. 按OFST→2→Vpp
OFST
2
Hz/Vpp
5. 按OUTPUT键
OUTPUT

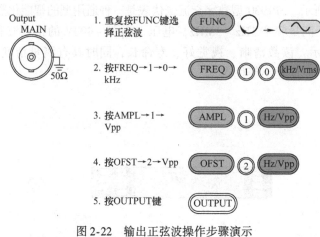

图 2-22　输出正弦波操作步骤演示

如：方波，10kHz，3Vpp，75%占空比

Output
MAIN
50Ω
1. 重复按FUNC键选择方波
FUNC
2. 按FREQ→1→0→kHz
FREQ
1
0
kHz/Vrms
3. 按AMPL→3→Vpp
AMPL
3
Hz/Vpp
4. 按DUTY→7→5→%
DUTY
7
5
%
5. 按OUTPUT键
OUTPUT

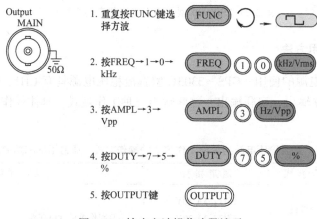

图 2-23　输出方波操作步骤演示

如：三角波，10kHz，3Vpp，25%对称性

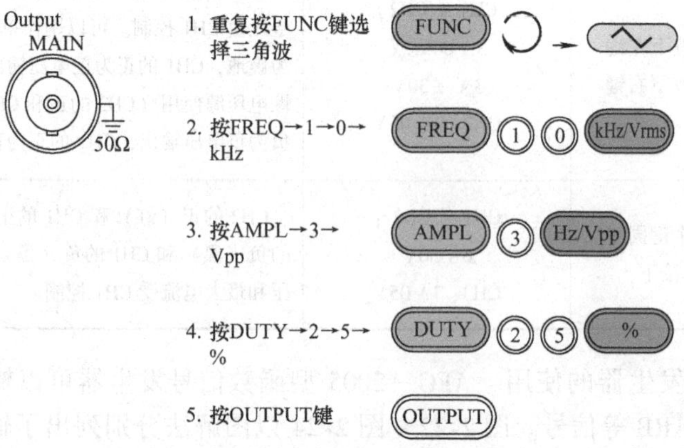

Output
MAIN
50Ω
1. 重复按FUNC键选择三角波
FUNC
2. 按FREQ→1→0→kHz
FREQ
1
0
kHz/Vrms
3. 按AMPL→3→Vpp
AMPL
3
Hz/Vpp
4. 按DUTY→2→5→%
DUTY
2
5
%
5. 按OUTPUT键
OUTPUT

图 2-24　输出三角波操作步骤演示

（3）数字示波器的使用　数字示波器语言设置的操作过程如图 2-25 所示。中文简体显示设置的具体操作步骤是：按下 Utilty 按钮→循环按下显示屏右侧第三个按钮→出现"中文简体"字样完成设置。

数字示波器通道选择与配置的操作过程如图 2-26 所示。其中耦合方式有交流耦合"～"（信号通过一个隔直电容后再输入示波器内部，因此只能测量频率大于 5Hz 的交流信号）、直流耦合"=="（信号直接输入示波器内部，可以测量直流，也可以测量交流信号）、接地"⊥"（把输入和地线连接起来，没有信号送入示波器）三种方式。以 CH1 为例，使用示波器测量电压之前通常要如下设置：按下 CH1 按钮，打开 CH1 通道→按下显示屏右侧第一个按钮，设置耦合方式为交流或直流方式→循环按下第四个按钮，选择"Voltage（电压）"→旋转 VAR 旋钮，选择"×1"。

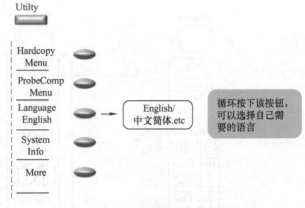

图 2-25　语言设置的操作过程

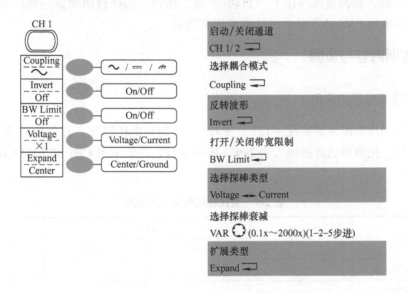

图 2-26　通道选择与配置的操作过程

数字示波器测量及测量菜单设置的操作过程如图 2-27 所示。按下测量按钮"Measure"后，在显示屏上将显示设置好的 5 个测量项目，图示中的 5 个测量项目分别是：电压峰-峰值（Vpp）、电压平均值（Vavg）、频率（Frequency）、占空比（Duty Cycle）、上升时间（Rise Time）。如果想改变测量菜单中的测量项目（以修改电压平均值 Vavg 为有效值 Vrms/Vsqu 为例），可以通过如下方法实现：按下测量项目"Vavg"右侧的按钮→旋转 VAR 旋钮直到出现有效值 Vrms/Vsqu。

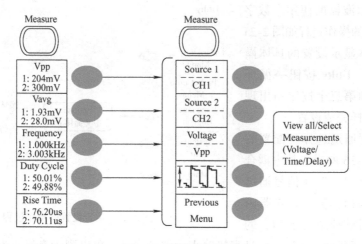

图 2-27　测量菜单设置

（4）交流毫伏表　使用 SP1930 型数字交流毫伏表测量电压时，显示值是以正弦信号的有效值标定的，因此，交流毫伏表只可以直接测量正弦信号的有效值。具体的使用步骤是：打开电源开关→按下"电压/频率"按钮直到电压指示灯亮，进入电压测量功能→用同轴电缆从"电压"送入被测电压→按下"自动/手动"按钮，选择自动测量→循环按下"显示"按钮，设置为电压"V/mV"显示→读取电压有效值。

四、实训内容与步骤

1. 直流稳压电源的使用

使用直流稳压电源分别实现 +12V、±12V、+24V 电压输出，并使用数字万用表测量实际输出电压，把测得的数据填入表 2-9。其中 +24V 要求采用 CH1 和 CH2 串联输出的形式实现。

表 2-9　直流稳压电源输出电压

理论值	+12V	±12V		+24V
		+12V	−12V	
直流稳压电源示数				
万用表实测值				

2. 交流信号的测量

（1）正弦信号的产生和测量　使用函数信号发生器产生一个峰–峰值 V_{p-p} 如表 2-10 所示的大小、频率 $f = 1\text{kHz}$、直流偏置电压 $V_{DC} = 0\text{V}$ 的正弦信号，分别使用数字示波器和交流毫伏表测量该信号。请读者在图 2-28 中画出接线图，并按照要求完成测量，把测量结果填入表 2-10 中。

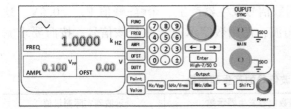

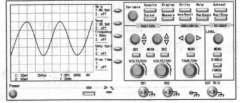

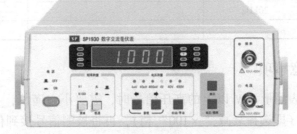

图 2-28　交流仪器使用接线示意图

表 2-10　$f=1\text{kHz}$ 的正弦信号的产生和测量

信号 $V_{\text{p-p}}$	5V	500mV	50mV	5mV
函数信号发生器示数				
示波器测量峰–峰值				
示波器测量有效值				
交流毫伏表测量有效值				

使用函数信号发生器产生一个峰–峰值 $V_{\text{p-p}}=1\text{V}$，直流偏置电压 $V_{\text{DC}}=0\text{V}$，如表 2-11 所示频率的正弦信号，使用数字示波器测量该信号的频率和周期，把测量结果填入表 2-11 中。

表 2-11　$V_{\text{p-p}}=1\text{V}$ 的正弦信号的产生和测量

信 号 频 率	10Hz	100Hz	1kHz	10kHz
示波器测量频率				
示波器测量周期				

（2）矩形信号的产生和测量：使用函数信号发生器产生一个峰–峰值 $V_{\text{p-p}}=2\text{V}$、频率 $f=20\text{kHz}$、占空比 $D=25\%$ 和 50%、直流偏置电压 $V_{\text{DC}}=0\text{V}$ 的矩形信号，使用数字示波器测量该信号。请读者按照要求完成测量，把测量结果填入表 2-12 中。

表 2-12　矩形信号的产生和测量

理　论　值		函数信号发生器示数	示波器测量值	
幅度	2V			
频率	20kHz			
周期	—			
占空比	25%		高电平时间	占空比
占空比	50%		高电平时间	占空比

（3）三角波信号的产生和测量：使用函数信号发生器产生一个峰–峰值 $V_{p-p} = 0.5V$、频率 $f = 20kHz$、直流偏置电压 $V_{DC} = 0V$ 的三角波，使用数字示波器测量该信号。按照要求完成测量，把测量结果填入表 2-13 中。

表 2-13　三角波信号的产生和测量

理　论　值		函数信号发生器示数	示波器实际测量值
幅度	0.5V		
频率	20kHz		
周期		—	—

五、实训注意事项

使用交流毫伏表测量 36V 以上的高压信号时，需要小心谨慎，一定要先按下"衰减"按键，打开衰减器（即选择衰减"×100"档），再将被测信号接到仪器的输入通道，以免烧坏仪器，同时还保护了人身安全。

六、实训报告

1）如实记录测量数据。

2）交流毫伏表是否可以测量直流信号？示波器是否可以测量直流信号？

3）直流电压源的输出电压在空载和有负载时是否一致？如果不一致，请分析其原因。

技能实训四　简易直流稳压电源的制作与调试

一、实训目的

1）熟悉稳压二极管并联型稳压电路及其稳压特性。

2）熟悉集成稳压芯片的稳压电路及其稳压特性。

3）学会通过使用仪表解决直流稳压电源电路的故障。

4）能使用示波器和万用表检测直流稳压电源的各级输出。

5）能正确连接两种稳压电路，并完成电路的测试和性能测试。

6）增强专业意识，培养良好的职业道德和职业习惯。

二、实训设备与器件

1）数字万用表一块，双踪数字示波器一台。

2）实训电路板一块。

3）单相 220V 交流电源。

4）导线若干。

三、实训原理

把正弦变化的单相 220V 变成电子系统所需要的直流电，一般需要经过如图 2-29 所示的四个步骤：变压、整流、滤波及稳压。

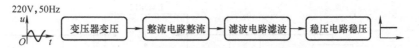

图 2-29　简易线性直流稳压电源结构图

单相线性直流稳压电源一般有并联型稳压电源、串联型稳压电源、集成稳压芯片稳压电源三大类。下面介绍并联型稳压电源和集成稳压芯片稳压电源。

1. 并联型稳压电源

由稳压二极管等构成的并联型稳压电源电路如图 2-30 所示。图中，T_1 是变压器，把 "220V，50Hz" 的正弦变化的市电变成 "15V，50Hz" 弱交流电 u_1。四个整流二极管 $VD_1 \sim VD_4$（1N4007）构成单相桥式整流电路，把 "15V，50Hz" 弱交流电 u_1 变成脉动变化的电压 u_2。电容 C_1、C_2 滤除 u_2 中的交流分量，保留直流分量，得到变化较小的直流电压 u_3。再经电阻 R_1 限流，稳压二极管 VS 实现稳定的 9V 直流电压 u_o。图中的电阻 R_2 和 R_3 模拟可变负载。

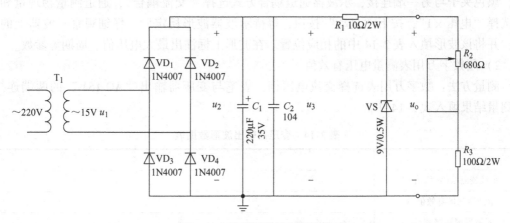

图 2-30　并联型稳压电源电路

2. 集成稳压芯片稳压电源

由三端稳压器（集成稳压芯片）等构成的稳压电源电路如图 2-31 所示。图中，变压电路、桥式整流电路、滤波电路与由稳压二极管等构成的并联型稳压电源电路中的相应部分完全相同。LM7812 为核心器件，把 15V 的直流电压 u_3 稳压成 12V 的 u_o，电容 C_3、C_4 为输出滤波电容，分别滤除直流电压中可能存在的低频分量和高频分量。图中的电阻 R_2 和 R_3 模拟可变负载。

四、实训内容与步骤

1. 变压器的输出信号检测

1）用示波器观测变压器输出信号波形。

测量方法：将同轴电缆的红色夹子与图 2-32 中所示的变压器输出 "AC 15V" 的一端连

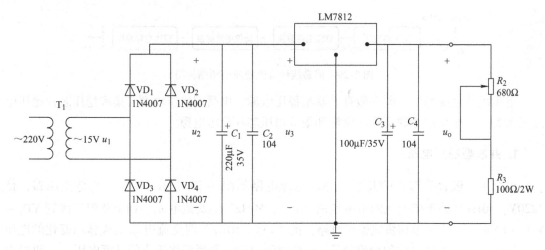

图 2-31　由三端稳压器等构成的稳压电源电路

接，黑色夹子与另一端连接，示波器通道耦合方式选择"交流耦合"，通道测量物理量和倍率选择"电压×1"，按下"自动"按钮，等待示波器波形稳定后，仔细观察示波器上的波形，并将该波形填入表 2-14 中的相应位置。在波形上标注出最大电压值、周期等参数。

2）用数字万用表测量电压有效值。

测量方法：数字万用表选择交流电压档，表笔与变压器输出"AC 15V"的两端连接，将测量结果填入表 2-14 中。

表 2-14　变压器输出波形数据表

	u_1
示波器测量峰–峰值/V	
示波器测量有效值/V	
示波器测量周期/ms	
万用表测量有效值/V	
记录示波器显示波形	

2. 单相桥式整流电路的制作与测试

1）电路设计。请读者设计一个单相桥式整流电路，并在图 2-32 所示的实物图中画出设计的接线图。

2）关闭变压器输出，根据设计实现电路。

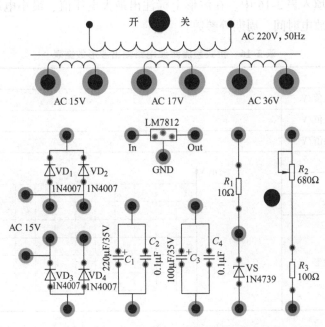

图 2-32 稳压二极管稳压电路实训接线实物图

3）利用示波器观测桥式整流电路的输出波形 u_2，示波器的通道耦合方式选择"直流耦合"，将测得的数据和该波形填入表 2-15 中。在波形上标注出最大电压值、周期等参数。

表 2-15 桥式整流电路输出波形数据表

	u_2
示波器测量最大电压值/V	
示波器测量电压平均值/V	
示波器测量周期/ms	
记录示波器显示波形	

3. 单相桥式整流滤波电路的制作与测试

1）电路设计。请读者设计一个单相桥式整流滤波电路，并在图 2-32 所示的实物图中画出模拟的线路图。

2）关闭变压器输出，根据设计实现电路。

3）利用示波器观测整流滤波的波形 u_3，示波器的通道耦合方式选择"直流耦合"，将测得的数据与波形填入表 2-16 中。在波形上标注出最大电压值、最小电压值、平均值、电容充电时间、电容放电时间、周期等参数。

表 2-16　桥式整流滤波电路输出波形数据表

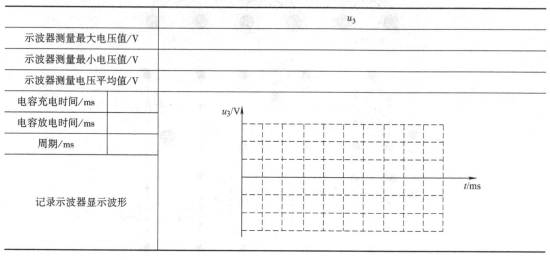

	u_3	
示波器测量最大电压值/V		
示波器测量最小电压值/V		
示波器测量电压平均值/V		
电容充电时间/ms		
电容放电时间/ms		
周期/ms		
记录示波器显示波形		

＊4. 由稳压二极管等构成并联型稳压电路的制作

1）电路设计。请读者设计一个由稳压二极管等构成的并联型稳压电路，并接入负载，在图 2-32 所示的实物图中画出模拟的线路图。

2）关闭变压器输出，根据设计实现电路。

3）利用示波器观测 u_o 波形，示波器的通道耦合方式选择_____（交流/直流/接地），将测得的数据和该波形填入表 2-17 中。

4）利用数字万用表测量 u_o。测量方法：数字万用表调至_____档（交流电压/直流电压），测量 u_o 两端的电压，将测量结果填入表 2-17 中。

表 2-17　稳压二极管型稳压电路输出波形数据表

	u_o
示波器测量电压平均值/V	
万用表测量电压值/V	
记录示波器显示波形	

5. LM7812 稳压电路的制作与测试

1）电路设计。请读者设计一个 LM7812 稳压电路，并接入负载，在图 2-33 所示的实物图中画出模拟的线路图。

2）关闭变压器输出，根据设计实现电路。

3）利用示波器观测 u_o 波形，示波器的通道耦合方式选择＿＿＿＿（交流/直流/接地），将测得的数据和该波形填入表 2-18 中。

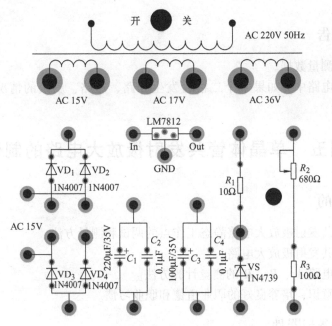

图 2-33　LM7812 稳压电路实训接线实物图

4）利用数字万用表测量 u_o。测量方法：数字万用表调至＿＿＿＿档（交流电压/直流电压），测量 u_o 两端的电压，将测量结果填入表 2-18 中。

表 2-18　三端稳压器稳压电路输出波形数据表

	u_o
示波器测量电压平均值/V	
万用表测量电压值/V	
记录示波器显示波形	

五、实训注意事项

1）交流侧的"接地"与直流侧的"接地"是不同的，在对稳压电源进行调试与测量时要注意，以免损坏仪器。

2）在连接极性电容时，一定要注意极性不能接错，以免损坏元器件，甚至伤人。

3）禁止带电连接电路。

4）使用万用表测量电压时一定要注意选择正确的档位，特别禁止在电流档测电压，以免损坏仪表。

六、实训报告

1）如实记录测量数据。

2）桥式整流电路中，如果某个二极管发生开路、短路、反接的情况，将会出现什么现象？

技能实训五 单晶体管共发射极放大电路的制作与调试

一、实训目的

1）掌握单级共发射极放大电路静态工作点的调试和测量方法。

2）学会调试共发射极放大电路。

3）学会放大电路 A_u、R_i、R_o 的测量计算方法。

4）增强专业意识，培养良好的职业道德和职业习惯。

二、实训设备与器件

1）数字万用表一块，双踪数字示波器一台，函数信号发生器一台，线性直流稳压电源一台。

2）实训电路板一块。

3）导线若干。

三、实训原理

1. 实训电路

图 2-34 为电阻分压式工作点稳定共发射极单管放大器实训电路图。它的偏置电路由 R_{b1} 和 R_{b2} 分压组成，并在发射极接有电阻 R_e，以稳定放大器的静态工作点。当在放大器的输入端加入输入信号 u_i 后，放大器的输出端便可得到一个与 u_i 相位相反、幅值被放大了的输出信号 u_o，从而实现了电压放大。

2. 最佳静态工作点调试方法

（1）静态调试法 将函数信号发生器的输出关闭，接通 +12V 直流稳压电源，调节可调电阻 RP_b，使晶体管集电极对地电压 $U_{CQ} \approx V_{CC}/2 = 6V$。

（2）动态调试法　接通 +12V 电源，在信号输入端（B点）加入频率为1kHz，峰–峰值为100mV 的正弦信号，用示波器观察输出 u_o 的波形。调节函数信号发生器的输出幅度旋钮，使被测电路的输入信号逐步增加，同时反复调整 RP_b，使在示波器的屏幕上得到一个最大不失真的输出波形，或得到一个对称出现饱和与截止失真的波形，此时放大电路工作在最佳工作点。

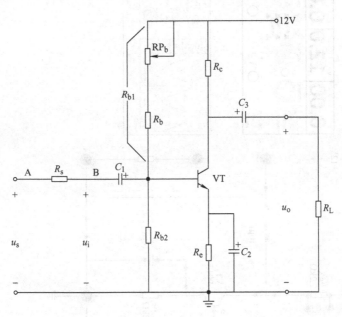

图 2-34　共发射极单管放大器实训原理图

3. 输入电阻和输出电阻测量方法

图 2-35 所示为放大电路等效电路图，图中，被放大信号 U_s、信号源内阻 R_s、放大电路等效输入电阻 R_i 构成一个简单串联电路，因此输入电阻可以由式(2-1) 求取。

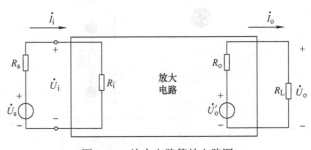

$$R_i = \frac{U_i}{I_i} = \frac{U_i}{(U_s - U_i)/R_s} = \frac{U_i}{U_s - U_i}R_s$$

$$(2-1)$$

图 2-35　放大电路等效电路图

图中负载开路输出电压 U_o'、放大电路等效输出电阻 R_o、负载 R_L 构成一个简单串联电路，因此输出电阻可以由式(2-2) 求取。

$$R_o = \left(\frac{U_o'}{U_o} - 1\right)R_L \qquad (2-2)$$

四、实训内容与步骤

1. 电路连接

操作方法：在图 2-36 所示实物连接图中，画出仪器与电路连接图。

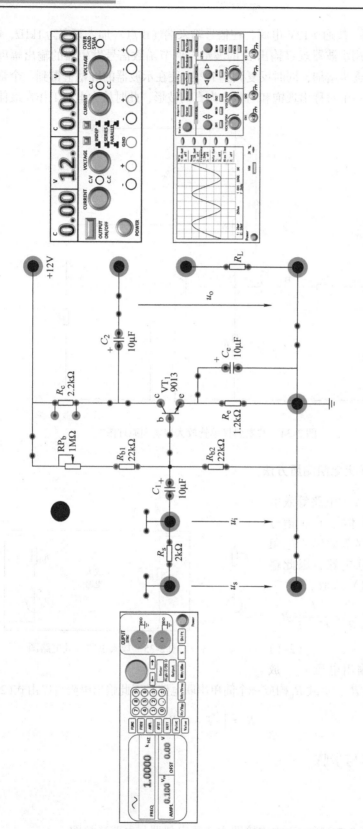

图 2-36 电路连接实物图

2. 调试静态工作点

接通电源，仔细调整 RP_b 找到最佳静态工作点（$U_{CQ} \approx V_{CC}/2 = 6V$），置 $u_i = 0$，用数字万用表分别测量晶体管三个管脚的对地电压，并填入表 2-19 中。

表 2-19　静态工作点测量值与计算表

测 量 值				计 算 值		
U_{BQ}/V	U_{CQ}/V	U_{EQ}/V	U_{CEQ}/V	U_{BEQ}/V	U_{CEQ}/V	I_{CQ}/mA

注意：在下面整个测试过程中应保持 RP_b 值不变。

3. 测量电压放大倍数

测量方法：在放大电路输入端（B 点）加入频率 1kHz、电压峰–峰值 u_{ip-p} 为 30mV 的正弦信号 u_i，用示波器的 CH1 通道观测输入 u_i，CH2 通道观测输出信号 u_o，按照下面三种情况，分别观测输入电压 u_i、输出电压 u_o 的峰–峰值，填入表 2-20 中。画出第一种情况下的输入、输出的波形，并记录在图 2-37 中，要求详细标注最大值、最小值及周期等主要参数。

表 2-20　电压放大倍数测量

$R_c/k\Omega$	$R_L/k\Omega$	u_{imax}/mV	u_{imin}/mV	u_{ip-p}/mV	u_{omax}/V	u_{min}/V	u_{op-p}/V	A_u
2.2	∞							
2.2	2.2							

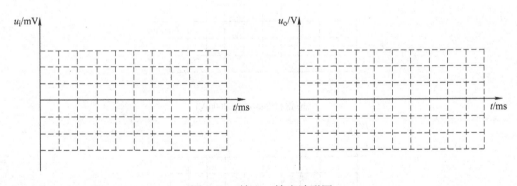

图 2-37　输入、输出波形图

4. 输入、输出电阻的测量

测量方法：使用函数信号发生器在电路的 A 点输入 $f = 1kHz$、$u_{sp-p} = 50mV$ 的正弦信号，置 $R_c = 2.2k\Omega$，$R_L = 2.2\ k\Omega$，用示波器测出 u_s、u_i、u_o 的有效值计入表 2-21 中。保持 u_s 不变，断开 R_L，测量输出电压 u'_o 的有效值计入表 2-21 中。

表 2-21 测量输入电阻和输出电阻

U_s	U_i	$R_i/k\Omega$		U_o	U'_o	$R_o/k\Omega$	
		测量值	计算值	$R_L = 2.2k\Omega$	$R_L = \infty$	测量值	计算值

5. 非线性失真观察

保持电位器 RP_b 不变，调节 $u_{ip-p} = 1V$，观察输出波形的截顶失真，把波形记录到图 2-38a 的坐标中。调节 $u_{ip-p} = 200mV$，调节电位器 RP_b，观察输出电压幅值的变化情况，把观察到的饱和失真与截止失真的波形画到图 2-38b、c 的坐标中，并使用万用表分别测量饱和失真与截止失真时晶体管三个管脚的对地电压，记录到表 2-22 中。

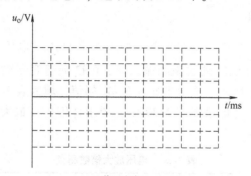

a) 截顶失真(u_{ip-p}=1V)

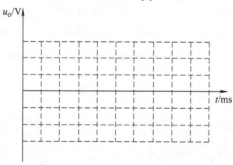

b) 饱和失真(u_{ip-p}=200mV)

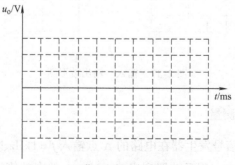

c) 截止失真(u_{ip-p}=200mV)

图 2-38 输出失真波形图

表 2-22　饱和失真与截止失真时管脚的电压测量表

	U_{BQ}/V	U_{CQ}/V	U_{EQ}/V	U_{CEQ}/V	U_{BEQ}/V
饱和失真					
截止失真					

五、实训注意事项

1）在断电情况下连接和改接电路。

2）示波器、实验板和电源共地，以减小干扰。

3）万用表使用之前要进行调零，电压表和电流表使用时要注意调节档位、量程和极性。

4）调整输入信号大小时，应注意进行衰减档位的选择。

六、实训报告

1）如实记录测量数据。

2）分析讨论电路调试过程中出现的问题和现象。

3）试分析：如果电路中的电容 C_e 发生开路，会对电路有什么影响？

技能实训六　射极跟随器的制作与调试

一、实训目的

1）掌握射极跟随器的特性及测试方法。

2）进一步学习放大电路各项参数的测试方法。

3）增强专业意识，培养良好的职业道德和职业习惯。

二、实训设备与器件

1）数字万用表一块，双踪数字示波器一台，函数信号发生器一台，线性直流稳压电源一台。

2）实训电路板一块。

3）导线若干。

三、实训原理

1. 实训电路

射极跟随器实训电路如图 2-39 所示。它是一个电压串联负反馈放大电路，它具有输入阻抗高、输出阻抗低、放大倍数近似为 1、输出电压能够在较大范围内跟随输入电压做线性变化以及输入和输出信号同相等特点，因而从信号源索取的电流小而且带负载能力强，所以常用于多级放大电路的输入级和输出级，也可用它连接两个电路，减少电路直接相连所带来的影响，起缓冲作用。

2. 最佳静态工作点调试方法

（1）静态调试法　将函数信号发生器的输出关闭，接通 + 12V 直流稳压电源，调节可调电阻 RP_b，使晶体管发射极对地电压 $U_{EQ} \approx V_{CC}/2 = 6V$。

（2）动态调试法　接通 + 12V 电源，在信号输入端（B 点）加入频率为 1kHz、峰–峰值为 100mV 的正弦信号 u_i，用示波器观察输出 u_o 的波形。调节函数信号发生器的输出幅度旋钮，使被测电路的输入信号逐步增加，同时反复调整 RP_b，使在示波器的屏幕上得到一个最大不失真的输出波形，或得到一个对称出现的饱和与截止失真的波形，此时放大电路就工作在最佳工作点。

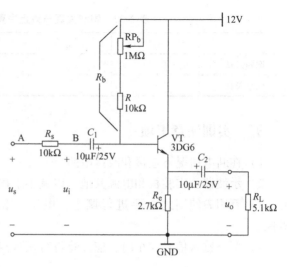

图 2-39　射极跟随器实训电路

3. 输入电阻和输出电阻测量方法

输入电阻和输出电阻的测量方法和原理与共发射极单管放大电路相同，因此输入电阻可以由式(2-3) 求取：

$$R_i = \frac{U_i}{I_i} = \frac{U_i}{(U_s - U_i)/R_s} = \frac{U_i}{U_s - U_i}R_s \tag{2-3}$$

输出电阻可以由式(2-4) 求取：

$$R_o = \left(\frac{U_o'}{U_o} - 1\right)R_L \tag{2-4}$$

4. 电压跟随范围

电压跟随范围是指射极跟随器输出电压 u_o 跟随输入电压 u_i 做线性变化的区域。当 u_i 超过一定范围时，u_o 便不能跟随 u_i 做线性变化，即 u_o 波形产生了失真。为了使输出电压 u_o 正、负半周对称，并充分利用电压跟随范围，静态工作点应选在交流负载线中点，测量时可直接用示波器读取 u_o 的峰–峰值，即电压跟随范围；用交流毫伏表或示波器读取 u_o 的有效值，则电压跟随范围为

$$U_{op-p} = 2\sqrt{2}\,U_o \tag{2-5}$$

四、实训内容与步骤

1. 电路连接

操作方法：在图 2-40 所示实物连接图中，画出仪器与电路连接图，并按图接好电路。

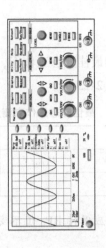

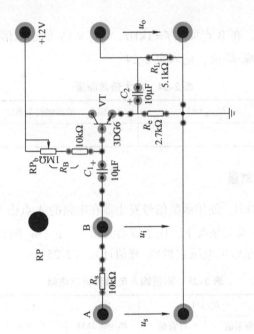

图 2 - 40　电路连接实物图

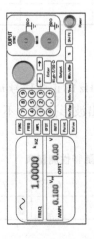

2. 调试静态工作点

接通电源，仔细调整 RP_b 找到最佳静态工作点，置 $u_i = 0$，用数字万用表分别测量晶体管三个管脚的对地电压，并填入表 2-23 中。

表 2-23 最佳静态工作点测量值与计算值

测 量 值				计 算 值		
U_{BQ}/V	U_{CQ}/V	U_{EQ}/V	U_{CEQ}/V	U_{BEQ}/V	U_{CEQ}/V	I_{EQ}/mA

注意：在下面整个测试过程中应保持 RP_b 值不变（即 I 不变）。

3. 测量电压放大倍数

测量方法：接入负载，在 B 点加入 $f = 1kHz$、$u_{ip\text{-}p} = 1V$ 的正弦信号 u_i，用示波器观察输出波形 u_o，读取 u_i、u_o 的峰-峰值，记入表 2-24。

表 2-24 放大倍数测量

$U_{ip\text{-}p}/mV$	$U_{op\text{-}p}/mV$	输入、输出相位关系	A_u

4. 输入、输出电阻的测量

测量方法：置 $R_L = 5.1k\Omega$，使用函数信号发生器在电路的 A 点输入 $f = 1kHz$、$u_{sp\text{-}p} = 1V$ 的正弦信号，在输出电压不失真的情况下，用示波器测出 u_s、u_i、u_o 的有效值，记入表 2-25 中。保持 u_s 不变，断开 R_L，测量输出电压 u_o' 的峰-峰值计入表 2-25 中。

表 2-25 测量输入电阻和输出电阻

U_s	U_i	$R_i/k\Omega$		U_o	U_o'	$R_o/k\Omega$	
		测量值	计算值	$R_L = 5.1k\Omega$	$R_L = \infty$	测量值	计算值

*5. 测试跟随特性

接入负载 $R_L = 5.1k\Omega$，在 B 点加入 $f = 1kHz$ 的正弦信号 u_i，并保持频率不变，逐渐增大信号 u_i 幅度，用示波器观察输出波形直至输出波形达最大不失真，测量对应的 u_o 峰-峰值，记入表 2-26。

表 2-26 跟随特性测量表　　　　　　　　　　　（单位：V）

$u_{ip\text{-}p}$	0.1	0.5	2	4	6	7	9	11	12
$u_{op\text{-}p}$									

五、实训注意事项

1）在断电情况下连接和改接电路。

2）示波器、实验板和电源共地，以减小干扰。

3）使用万用表之前要进行调零，使用电压表和电流表时要注意调节档位、量程和极性。

4）调整输入信号大小时，应注意进行衰减档位的选择。

六、实训报告

1）如实记录测量数据。

2）分析讨论电路调试过程中出现的问题和现象。

技能实训七　小功率放大器的制作与调试

一、实训目的

1）通过实训，加深对 OTL 电路工作原理的认识。

2）学会 OTL 电路的调试及其主要性能指标的测试方法。

3）增强专业意识，培养良好的职业道德和职业习惯。

二、实训设备与器件

1）数字万用表一块，双踪数字示波器一台，函数信号发生器一台，线性直流稳压电源一台。

2）实训电路板一块。

3）家用交流电源。

4）导线若干。

三、实训原理

1. 实训电路

实训电路如图 2-41 所示，图示小功率放大电路是一个甲乙类单电源互补对称电路。VT_1、VT_2 组成互补对称功率放大电路，两管发射极通过一个大电容 C_2 接到负载 R_L 上，二极管 VD_1、VD_2 给晶体管 VT_1、VT_2 的基极提供一个预导通电压，保证晶体管 VT_1、VT_2 工作在甲乙类状态，可以有效消除乙类功率放大器的交越失真。

2. 工作过程分析

静态时，电路 A 点电压 $U_A = 0.5V_{CC}$，输出电容 C_2 两端直流电压为 $0.5V_{CC}$。动态时，在输入信号为正半周时，VT_1 导通，VT_2 截止，VT_1 以射极输出的方式向负载 R_L 提供电流 $i_o = i_{c1}$，得到正半周输出电压，同时向 C_2 充电；在输入信号为负半周时，VT_1 截止，VT_2 导通，

电容 C_2 上的电压代替负电源的作用向 VT$_2$ 提供电流，流过负载电阻 R_L 得到负半周输出电压。由于 C_2 容量很大，C_2 充、放电时间常数远大于输入信号周期，C_2 上的电压可认为近似不变，始终保持为 $0.5V_{CC}$。因此，VT$_1$、VT$_2$ 的等效直流电源电压都是 $0.5V_{CC}$。

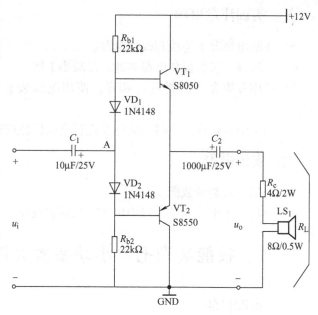

图 2-41　小功率放大实训电路

3. 电路相关参数计算与测量

（1）电路的输出功率　在理想极限（输出不失真）情况下，OTL 功率放大器的输出功率为

$$P_{om} = \frac{1}{2}\frac{\left(\dfrac{V_{CC}}{2}\right)^2}{R_L} = \frac{U_{CC}^2}{8R_L} \quad (2\text{-}6)$$

在实际测量时，如果负载两端电压的有效值为 U_o，流过负载电流的有效值为 I_o，则电路的最大输出功率为

$$P_{om} = U_o I_o = \frac{U_o^2}{R_L} \tag{2-7}$$

（2）电源供给的平均功率　在理想极限情况下，电源供给的总平均功率为

$$P_V = \frac{2\left(\dfrac{V_{CC}}{2}\right)^2}{\pi R_L} = \frac{V_{CC}^2}{2\pi R_L} \tag{2-8}$$

实际测量时，可把直流电流表串入供电电路中，在不失真的输出电压下，电流表指示值 I_{CC} 与供电电压 V_{CC} 的乘积即为 P_V。

$$P_V = I_{CC} V_{CC} \tag{2-9}$$

（3）功率放大器的效率　输出功率 P_o 与电源供给的功率 P_V 的比值为效率 η，在理想极限情况下，OTL 功率放大器的效率为

$$\eta = \frac{P_{om}}{P_V} = \frac{\pi}{4} = 78.5\% \tag{2-10}$$

实际测量时效率为

$$\eta = \frac{U_o^2/R_L}{V_{CC} I_{CC}} \tag{2-11}$$

四、实训内容与步骤

1. 电路连接

操作方法：在图 2-42 所示实物连接图中，画出仪器与电路连接图，并按图接好电路（选择 100Ω 的电阻作为负载）。

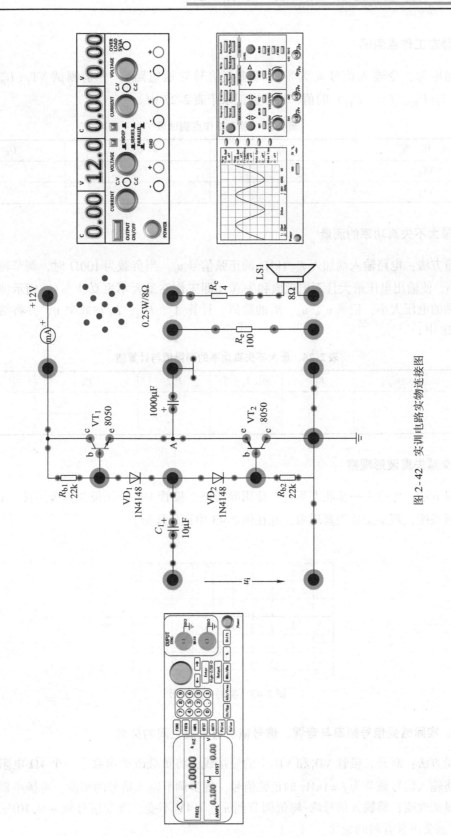

图 2-42　实训电路实物连接图

2. 静态工作点测试

接通电源，令输入信号 u_i 为零（即输入信号对地短路），分别测试 VT_1（U_{B1}、U_{C1}、U_{E1}）、VT_2（U_{B2}、U_{C2}、U_{E2}）的值，将数据记录于表 2-27 中。

表 2-27 静态工作点测试表

晶　体　管	U_B	U_C	U_E
VT_1			
VT_2			

3. 最大不失真功率的测量

测量方法：电路输入端加入 $f = 1\text{kHz}$ 的正弦信号 u_i，当负载为 100Ω 时，调节输入信号 u_i 的大小，使输出电压最大且不出现饱和失真（即工作在最大不失真状态），用示波器测试负载两端的电压大小，记录 u_i、u_o、R_L 的数值，计算 A_u、P_{om}、P_V 和效率 η，并将结果记录于表 2-28 中。

表 2-28 最大不失真功率的测量值与计算值

u_{ip-p}	u_{op-p}	R_L	A_u	P_{om}	P_V		η
					I_{CC}	V_{CC}	

4. 交越失真波形观察

测量方法：保持上一步状态不变，使用导线把二极管 VD_1 的阴极和阳极短接，VD_2 的阴极和阳极短接，观察交越失真现象，并在图 2-43 中记录波形。

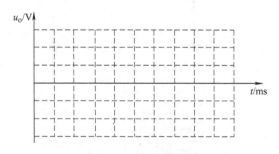

图 2-43 实训电路波形

* 5. 实际感受信号频率与音调、信号幅度与音量之间的关系

测量方法：断开二极管 VD_1 和 VD_2 上的短接线，将负载改成串联了一个 4Ω 电阻的扬声器，并将输入信号调节为 $f = 1\text{kHz}$ 的正弦信号，逐步调节输入信号的幅度，听扬声器发出的声音音量的改变；将输入信号峰-峰值调节到 $u_{ip-p} = 4\text{V}$ 不变，改变信号频率从 10Hz 调节到 30kHz，感受声音音调的变化。

五、实训注意事项

1) 在断电情况下连接和改接电路。
2) 示波器、实验板和电源共地，以减小干扰。
3) 使万用表、电压表和电流表时要注意调节档位、量程和极性。
4) 调整输入信号大小时注意进行衰减档位的选择。

六、实训报告

1) 如实记录测量数据。
2) 甲乙类功率放大电路中二极管起什么作用？如果没有二极管，输出波形会怎么样？
3) 请读者思考：为什么实训电路在最大输出情况下，效率达不到理论值？

技能实训八 比例运算放大电路的制作与调试

一、实训目的

1) 能借助资料识读集成运放的型号，明确各引脚的功能。
2) 学会调试比例运算放大电路的性能。
3) 学会选择集成运放组成的各种放大电路中个别元器件的参数。
4) 增强专业意识，培养良好的职业道德和职业习惯。

二、实训设备与器件

1) 数字万用表一块，双踪数字示波器一台，函数信号发生器一台，线性直流稳压电源一台。
2) 实训电路板一块。
3) 导线若干。

三、实训原理

1. 集成电路芯片的识别

集成电路芯片在电路中常用"U"加数字表示，如：U1 表示编号为 1 的集成电路芯片。

图 2-44 所示为一种常见的集成电路芯片实物和内部结构图，可以从芯片表面的丝印判断出该集成电路是 LM358。图示双列直插封装的集成电路引脚顺序判断方法是：引脚朝下，有字的一面朝上，缺口朝左，左下角那个引脚为 1 脚，逆时针方向依次是 2 脚、3 脚、4 脚……

2. 反相比例运算放大电路

反相比例运算放大电路如图 2-45 所示，对于理想运放，电路的输出电压与输入电压间

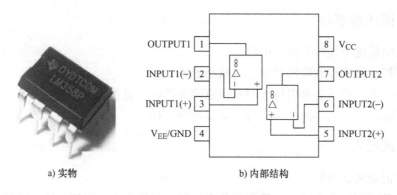

a) 实物   b) 内部结构

图 2-44   LM358 集成电路芯片实物和内部结构图

的关系为

$$u_o = -\frac{R_f}{R_1}u_i \qquad (2-12)$$

为了减小输入级偏置电流引起的运算误差，在同相输入端应接入平衡电阻 $R_2 = R_1 /\!/ R_f$。

在实际应用中，为了保证运算放大电路符合理想运放的条件，在选择电阻 R_1 和 R_f 时不宜过大，一般在几百欧至几百千欧之间。

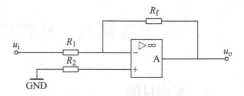

图 2-45   反相比例运算放大电路

3. 同相比例运算放大电路

同相比例运算放大电路如图 2-46 所示，对于理想运放，该电路的输出电压与输入电压间的关系为

$$u_o = \left(1 + \frac{R_f}{R_1}\right)u_i \qquad (2-13)$$

为了减小输入级偏置电流引起的运算误差，在同相输入端应接入平衡电阻 $R_2 = R_1 /\!/ R_f$。

4. 正负直流稳压电源的产生

把两路电源连接成正负电源的方法是：把第一路的负输出端作为正负电源的负输出端，把第一路电源的正输出端与第二路的负输出端短路连接，作为正负电源的公共端，即用电电路的"虚地"端，把第二路电源的正输出端作为正负电源的正输出端。具体连接方式如图 2-47 所示。

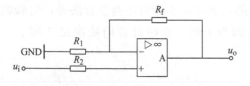

图 2-46   同相比例运算放大电路

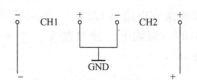

图 2-47   正负电源连接示意图

四、实训内容与步骤

1. 集成电路芯片的识别

仔细观察芯片 LM358 的外形，判断出它的引脚顺序。

2. 反相比例运算放大电路设计与测试

（1）实训电路　反相比例运算放大电路实训电路如图 2-48 所示。

（2）电路连接　操作方法：利用在图 2-49 中给定的仪器和元器件，画出电路实物连接图，并按照连接图连接好电路。

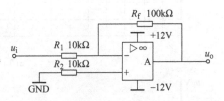

图 2-48　反相比例运算放大电路实训电路

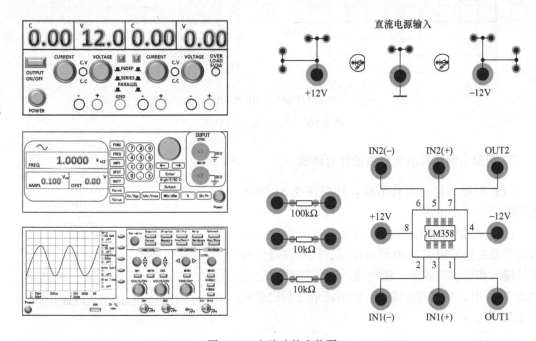

图 2-49　电路连接实物图

（3）电路性能测试　操作方法：打开电源，函数信号发生器输出如表 2-29 所示的信号，用示波器分别测量输入和输出的波形，把测量的有效值结果记录到表 2-29 中，并把两组输入、输出波形分别记录到图 2-50 中。

表 2-29　反相比例运算放大电路测量表（$f=1\text{kHz}$）

U_i/V	0.1	0.3	0.5	1.0	1.5
U_o/V					
A_u					

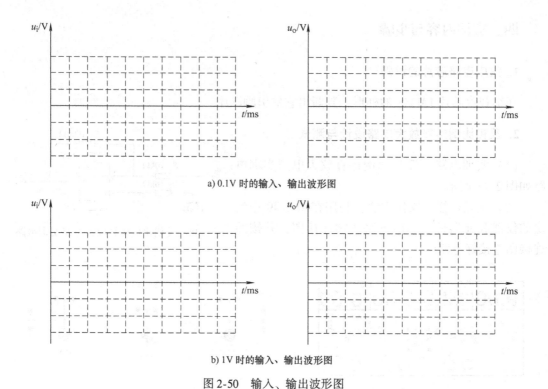

a) 0.1V 时的输入、输出波形图

b) 1V 时的输入、输出波形图

图 2-50　输入、输出波形图

3. 同相比例运算放大电路设计与测试

（1）电路连接　操作方法：按照图 2-51 所示实训电路连接好电路。

（2）电路性能测试　操作方法：打开电源，函数信号发生器输出表 2-30 所示信号，用示波器分别测量输入和输出的波形，把测量的有效值结果记录到表 2-30 中，并把两组输入、输出波形分别记录到图 2-52 中。

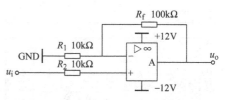

图 2-51　同相比例运算放大电路实训电路

表 2-30　同相比例运算放大电路测量表　（$f = 1\text{kHz}$）

U_i/V	0.1	0.3	0.5	1.0	1.5
U_o/V					
A_u					

五、实训注意事项

1）在断电情况下连接和改接电路。

2）示波器、实验板和电源共地，以减小干扰。

3）注意集成电路芯片的引脚顺序，接入电源的极性要仔细检查。

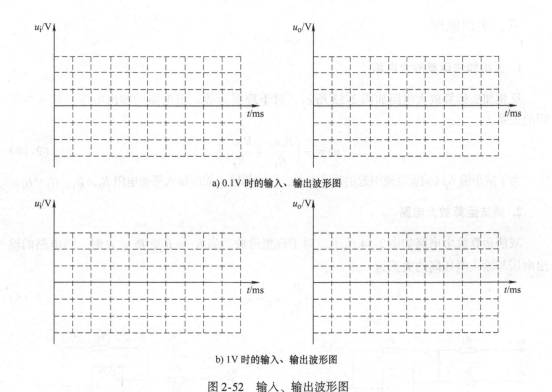

a) 0.1 V 时的输入、输出波形图

b) 1 V 时的输入、输出波形图

图 2-52 输入、输出波形图

六、实训报告

1）如实记录测量数据。

2）将理论计算结果和实测结果比较，分析产生误差和失真的原因。

技能实训九 加减法运算放大电路的制作与调试

一、实训目的

1）学会调试加减法运算放大电路的性能。

2）学会选择集成运放组成的各种放大电路中个别元器件的参数。

3）增强专业意识，培养良好的职业道德和职业习惯。

二、实训设备与器件

1）数字万用表一块，双踪数字示波器一台，函数信号发生器一台，线性直流稳压电源一台。

2）实训电路板一块。

3）导线若干。

三、实训原理

1. 反相加法运算放大电路

反相加法运算放大电路如图 2-53 所示，对于理想运放，该电路的输出电压与输入电压间的关系为

$$u_o = -\left(\frac{R_f u_{i1}}{R_1} + \frac{R_f u_{i2}}{R_2}\right) \tag{2-14}$$

为了减小输入级偏置电流引起的运算误差，在同相输入端应接入平衡电阻 $R_3 = R_1 /\!/ R_2 /\!/ R_f$。

2. 减法运算放大电路

减法运算放大电路如图 2-54 所示，对于理想运放，当 $R_1 = R_2$、$R_3 = R_f$ 时，该电路的输出电压与输入电压间的关系为

$$u_o = \frac{R_f}{R_1}(u_{i2} - u_{i1}) \tag{2-15}$$

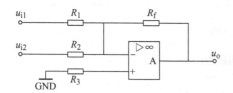

图 2-53　反相加法运算放大电路

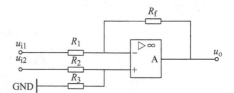

图 2-54　减法运算放大电路

四、实训内容与步骤

1. 反相加法运算放大电路设计与测试

（1）电路连接　操作方法：按照图 2-55 所示实训电路连接好电路。

（2）电路性能测试　操作方法：打开电源，接好 ±12V 直流电源。给 u_{i1} 和 u_{i2} 分别加大小合适的直流信号，使用数字万用表测量输入、输出电压，把结果记录到表 2-31 中。

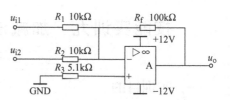

图 2-55　反相加法运算放大实训电路

表 2-31　反相加法运算放大电路测量表

序　号	U_{i1}/V		U_{i2}/V		U_o/V	
	理论值	实测值	理论值	实测值	理论值	实测值
1	0.1		0.2			
2	0.5		0.5			
3	0.6		0.6			
4	1		1			

2. 减法器电路设计与测试

（1）电路连接 操作方法：按照图 2-56 所示实训电路连接好电路。

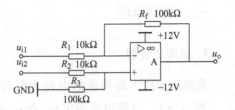

图 2-56 减法器实训电路

（2）电路性能测试 操作方法：打开电源，接好 ±12V 直流电源，给 u_{i1} 和 u_{i2} 分别加大小合适的直流信号，使用数字万用表测量输入、输出电压，把结果记录到表 2-32 中。

表 2-32 减法器测量表

序 号	U_{i1}/V		U_{i2}/V		U_o/V	
	理论值	实测值	理论值	实测值	理论值	实测值
1	0.5		0.5			
2	0.5		0.1			
3	0.1		0.5			
4	0.1		1.5			

五、实训注意事项

1）在断电情况下连接和改接电路。

2）示波器、实验板和电源共地，以减小干扰。

3）注意集成电路的引脚顺序，接入电源的极性要仔细检查。

六、实训报告

1）如实记录测量数据。

2）试分析反相加法运算放大电路测量表中第三种情况下的测量结果。

技能实训十 迟滞比较器与信号发生电路设计与测试

一、实训目的

1）掌握迟滞比较器电路的测试方法。

2）掌握方波和三角波发生器的调试方法。

3）增强专业意识，培养良好的职业道德和职业习惯。

二、实训设备与器件

1）数字万用表一块，双踪数字示波器一台，函数信号发生器一台，线性直流稳压电源一台，实训电路板一块。

2）家用交流电源。

3）导线若干。

三、实训原理

1. 迟滞比较器

集成运算放大器构成的电路为开环或引入正反馈时，电路处于非线性状态。若 $u_+ > u_-$，则 $u_o = U_{om}$（高电平输出）；若 $u_+ < u_-$，则 $u_o = -U_{om}$（低电平输出）。

由集成运算放大器构成的电压比较器是常用的集成电路之一，常用的比较器有过零比较器、具有迟滞特性的过零比较器（简称迟滞比较器，也称施密特触发器）及双限比较器等。分析比较器的关键是要找出比较器的输出发生跃变时的门限电压（U_T）和电压传输特性。

图 2-57a 为迟滞比较器的电路图。该电路有两个门限电压值：上门限电压和下门限电压。其传输特性如图 2-57b 所示。

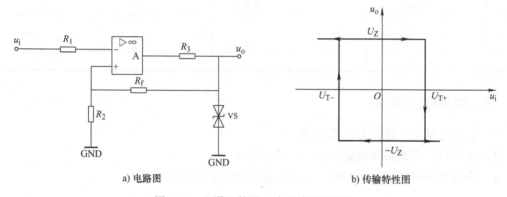

a) 电路图   b) 传输特性图

图 2-57　迟滞比较器电路及其传输特性

2. 方波、三角波发生电路

方波、三角波发生电路由电压比较器和基本积分器组成，如图 2-58 所示。

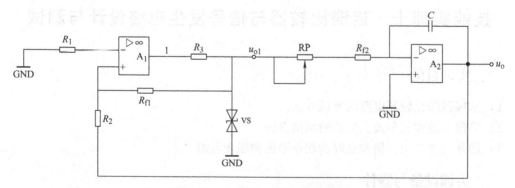

图 2-58　方波、三角波发生电路

运算放大器 A_1 与 R_1、R_2、R_3 及 R_{f1}、VS 组成迟滞比较器；运算放大器 A_2 与 RP、R_{f2} 及 C 组成反相积分器，比较器与积分器首尾相连，形成闭环电路，构成能自动产生方波、三角波的发生器，电路的参数如下。

方波的幅度为

$$U_{o1m} = U_Z \tag{2-16}$$

三角波的幅度为

$$U_{o2m} = \frac{R_2}{R_{f1}} U_Z \tag{2-17}$$

方波、三角波的频率为

$$f_{o2} = \frac{R_{f1}}{4R_2(R_{f2} + RP)C} \tag{2-18}$$

从式（2-16）~式（2-18）可知，调节电位器 RP 可改变方波、三角波的频率，但不会影响方波、三角波的幅度。

四、实训内容与步骤

1. 迟滞比较器电路设计与测试

（1）认识实训电路　实训电路如图 2-59 所示。

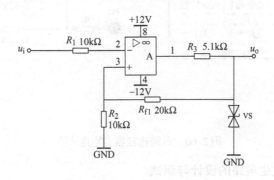

图 2-59　迟滞比较器实训电路图

（2）电路连接　操作方法：在图 2-60 中恰当连线，实现图 2-59 所示迟滞比较器电路。

（3）电路性能测试　操作方法：调节一个 $f = 500\text{Hz}$、峰-峰值为 12V 的正弦信号，将该信号接入 u_{i1}，用示波器观察 u_{i1} 和 u_o 波形，并测量出迟滞比较器电路的两个门限电压 U_{T+}、U_{T-}，结果记录在表 2-33 中。

表 2-33　迟滞比较器数据测量表

U_{T+}	U_{T-}	u_{i1}	u_o
		u_i/V ⋯ t/ms	u_o/V ⋯ t/ms

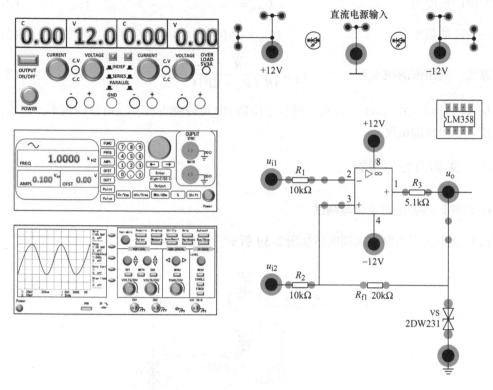

图 2-60　迟滞比较器实物连线图

2. 方波、三角波发生电路的设计与测试

（1）认识实训电路　实训电路如图 2-61 所示。

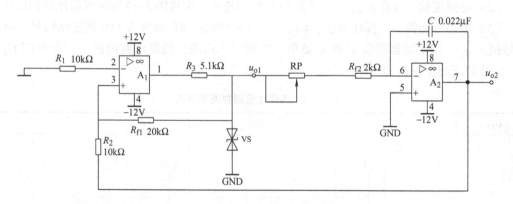

图 2-61　方波、三角波发生器实训电路

（2）电路连接　操作方法：在图 2-62 中恰当连线，实现图 2-61 所示反相迟滞比较器电路。

（3）电路性能测试　操作方法：将电位器调至中心位置，用双踪示波器观察并描绘方波 u_{o1} 及三角波 u_{o2}（注意标注图形尺寸），并测量频率值 f。结果记录在表 2-34 中。

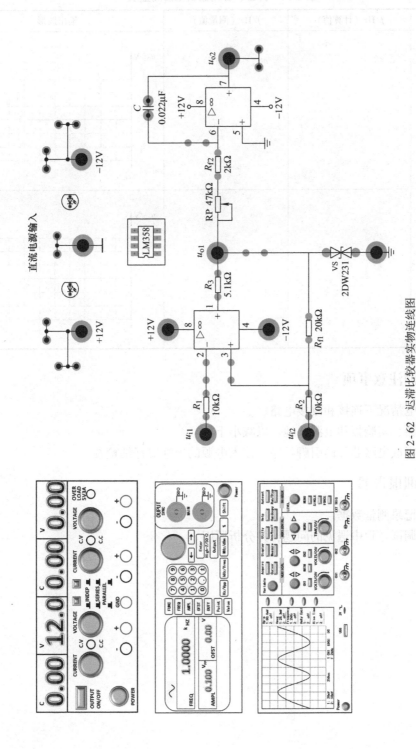

图 2 - 62 迟滞比较器实物连线图

表 2-34 方波、三角波发生器测量表

	f/Hz（计算值）	f/Hz（测量值）	输出波形
方波 u_{o1}			u_{o1}/V t/ms
三角波 u_{o2}			u_{o2}/V t/ms

五、实训注意事项

1）在断电情况下连接和改接电路。

2）示波器、实验板和电源共地，以减小干扰。

3）注意集成电路芯片的引脚顺序，接入电源的极性要仔细检查。

六、实训报告书

1）如实记录测量数据。

2）讨论调试过程中遇见的问题，并分析原因。

第三部分　数字电子线路基础技能实训

技能实训一　逻辑门电路功能测试与应用

一、实训目的

1）掌握 TTL 系列、CMOS 系列集成门电路的外形及其逻辑功能。
2）熟悉各种门电路参数的测试方法。
3）熟悉集成电路的引脚排列及引脚功能。
4）熟悉数字电子技术实训装置的连线方法和注意事项。

二、实训设备与器件

1）KHD－3A 型数字电子技术实训装置。
2）双踪示波器一台、数字万用表一块、直流稳压电源一台。
3）CMOS 器件 CD4011，TTL 器件 74LS00、74LS02、74LS04、74LS86。
4）导线若干。

三、实训原理

1. 集成门电路

用以实现基本逻辑运算和复合逻辑运算的单元电路称为门电路。常用的门电路在逻辑功能上有与门、或门、非门、与非门、或非门、与或非门、异或门等几种。门电路可以由分立器件组成，也可以采用半导体技术做成集成电路，但实际应用的都是集成电路，目前使用最多的是 CMOS 和 TTL 集成门电路。

TTL 集成门电路对电源电压有严格的要求。其中，54 系列的电源电压应满足 $5V \times (1 \pm 10\%)$ 的要求，74 系列的电源电压应满足 $5V \times (1 \pm 5\%)$ 的要求，且电源的正极和地线不可接错。CMOS 电路的电源电压极性不可接反，否则，可能会造成电路永久性失效。CMOS 系列的电源电压可在 3～15V 的范围内选择，但最大不允许超过极限值 18V。通常电源电压选择得越高，芯片的抗干扰能力越强。实训中所用的集成门电路芯片的实物和引脚排列图如图 3-1 所示。

2. 集成门电路引脚的识别方法

将集成门电路正面（印有集成门电路型号标记）正对自己，有缺口或有圆点的一端置向左方，左下方第一引脚即为引脚"1"，按逆时针方向数，依次为 1、2、3、4、…。具体的各个引脚的功能可通过查找相关手册得知，本书实训所使用的器件均已提供其功能，请参照附录 G。

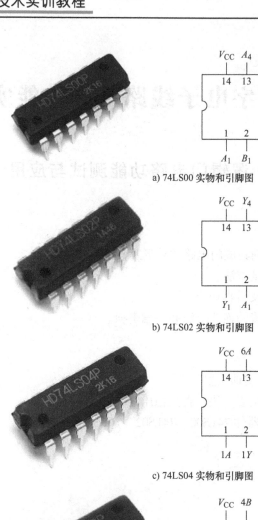

a) 74LS00 实物和引脚图

b) 74LS02 实物和引脚图

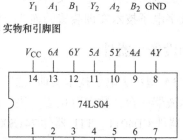

c) 74LS04 实物和引脚图

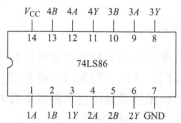

d) 74LS86 实物和引脚图

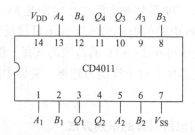

e) CD4011 实物和引脚图

图 3-1　实训所用器件的实物和引脚图

3. 基本门电路逻辑功能测试方法

实训中，用实训台上的逻辑开关模拟输入高、低电平，具体对应关系为：逻辑开关拨向"高"方向，为输入高电平，即二值数"1"；逻辑开关拨向"低"方向，为输入低电平，即二值数"0"。用发光二极管的发光和不发光检验输出为低电平或高电平，具体对应关系为：发光二极管发光，为输出高电平，即输出二值数"1"；发光二极管不发光，为输出低电平，即输出二值数"0"。另外，每块集成芯片工作都需接上工作电压和地，实训接线原理框图如图3-2所示。

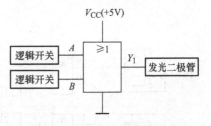

图 3-2　常见门电路逻辑功能的
测试实训接线原理框图

四、实训内容及步骤

1. TTL 门电路及 CMOS 门电路的功能测试

1）准备芯片。实训需准备 CMOS 器件 CD4011，TTL 器件 74LS00、74LS02、74LS04、74LS86。

2）测试电路搭建。按图 3-2 提供的框图连线，在图 3-3 所示的实物图中画出搭建的接线图。

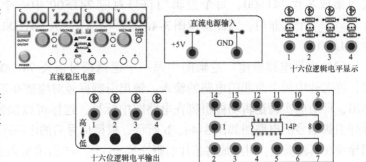

图 3-3　门电路逻辑关系测试实物接线图

3）工作电源接入。接入方法：直流稳压电源 GPS - 3303C 型选择电源输出 CH3 通道，将该通道的"＋"输出与实验板 D01 上的直流电源输入模块的 +5V 相连，通道的"－"输入与直流电源输入模块的 GND 相连，再用导线将 +5V 和地分别与芯片上的 V_{CC} 脚和 GND 脚连接。

4）按照表 3-1 给定的输入情况，改变输入状态的高低电平，观察发光二极管的亮灭，并将输出状态 0 或 1 结果填入表 3-1 中。

表 3-1　TTL 门电路及 CMOS 门电路的功能测试

输　　入		输出 Y_1	输出 Y_2	输出 Y_3	输出 Y_4	输出 Y_5
A	B	CD4011	74LS00	74LS02	74LS04	74LS86
0	0					
0	1					
1	0					
1	1					
逻辑表达式						
逻辑功能						

2. 逻辑电路的逻辑关系测试

用 74LS00 芯片按图 3-4a、b 接线，按要求完成该部分测试。

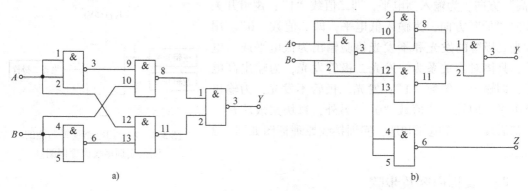

图 3-4　采用 74LS00 组成的逻辑电路

（1）实训集成芯片选择　根据电路图中的逻辑门符号，每个符号完成二输入与非运算，选用集成芯片 74LS00，每个逻辑门符号对应 74LS00 中一个独立的门电路。74LS00 共有_____个与非门，因此搭建图 3-4a 需要_____片 74LS00，搭建图 3-4b 需要_____片 74LS00。

（2）实训电路搭建　逻辑图中每一个逻辑符号需要 74LS00 中的一个独立的与非门实现，将芯片中每个与非门电路的输入、输出引脚标号对应地在逻辑符号的输入、输出引脚上标出，即对应实物逻辑功能引脚在电路图中标号，这样可以快速、有序地完成电路的搭建。标好引脚编号的电路图如图 3-4a、b 所示。根据标号后的电路图每根连接线头尾的数字编号，用导线在实验板上，对应地将芯片引脚连接。在图 3-5 所示实物图中完成模拟的接线图。

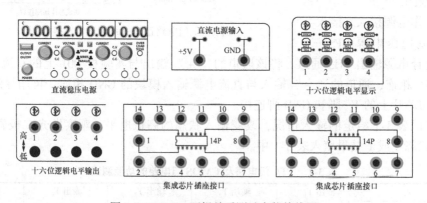

图 3-5　74LS00 逻辑关系测试实物接线图

（3）电路功能测试　数字电路的逻辑功能测试就是将输入信号的每组高低电平取值情况在电路中输入，测试所有取值组合对应的输出结果。输入组合用逻辑开关的高、低电平情况模拟，输出结果用发光二极管的发光和不发光模拟，对应情况参照门电路的功能测试部分。电路测试之前，可将输入取值用表格一一描述出，即列出真值表的输入组合，完成真值表输出结果测试。将图 3-4a、b 所示电路的测试结果填入表 3-2、表 3-3 中。

表3-2　逻辑电路（图3-4a）测试结果

输　　入		输　　出
A	B	Y
0	0	
0	1	
1	0	
1	1	
逻辑表达式		
逻辑功能		

表3-3　逻辑电路（图3-4b）测试结果

输　　入		输　　出	
A	B	Y	Z
0	0		
0	1		
1	0		
1	1		
逻辑表达式			
逻辑功能			

*3. 利用与非门控制输出

用一片74LS00构成的控制输出电路图如图3-6所示，按要求完成该电路的测试。

1）按照电路图将实训电路搭建好，搭建方法参照逻辑电路的逻辑关系测试部分，控制开关S接任一逻辑开关，信号输入接电源板固定脉冲输出，选择1kHz固定脉冲，电路的输出端接示波器。将图3-7中的实物接线图连好。

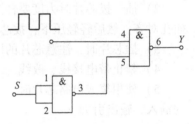

图3-6　与非门控制输出电路图

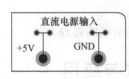
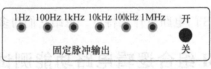
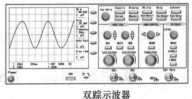

图3-7　与非门控制输出电路实物接线图

2）开关S分别拨向高、低方向，用示波器观察开关输入S对电路输出脉冲的控制，将示波器上的结果记录在表3-4中。

表 3-4　与非门控制输出实训结果

开 关 输 入	输 出 波 形
S	Y
0	u/V ↑　　　　　　　　　　　　→ t/ms
1	u/V ↑　　　　　　　　　　　　→ t/ms

五、实训注意事项

1）使用直流稳压电源时，注意" + "" - "端电源线夹子不要接触在一起。

2）插、拔芯片时力度要轻。插芯片时，先用镊子将芯片引脚掰直，将每个引脚与插座插孔对齐，然后轻轻压下；拔芯片时，要用镊子取。

3）插芯片时，注意芯片的凹口与芯片插座的凹口方向一致。

4）禁止带电接线、改线。

5）使用集成电路芯片时，一定要对照芯片的引脚排列图标号、接线，不能混淆门电路的输入、输出引脚。

六、实训报告

1）如实记录实训数据。

2）试分析 TTL 门电路和 CMOS 门电路有什么特点，总结它们对多余端的处理方法。

技能实训二　SSI 组合逻辑电路功能测试与应用

一、实训目的

1）掌握小规模（SSI）组合逻辑电路的设计方法及功能测试方法。

2）熟悉组合逻辑电路的特点。

二、实训设备与器件

1）KHD－3A 型数字电子技术实训装置。

2）双踪示波器一台、数字万用表一块、直流稳压电源一台。

3）实训元器件：74LS00、74LS04、74LS11、74LS32。

4）导线若干。

三、实训原理

1）本实训所用到的集成电路的引脚图和功能表如图 3-8 所示。

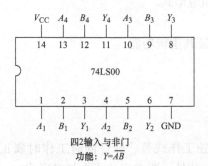

74LS00功能表		
输入		输出
A	B	Y
0	0	1
0	1	1
1	0	1
1	1	0

a) 74LS00引脚图和功能表

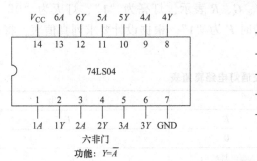

74LS04功能表	
输入	输出
A	Y
0	1
1	0

b) 74LS04引脚图和功能表

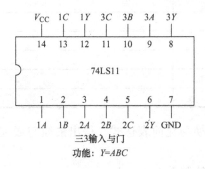

74LS11功能表			
输入			输出
A	B	C	Y
×	×	0	0
×	×	×	0
0	×	×	0
1	1	1	1

"×"为任意电平，即高电平或者低电平

c) 74LS11引脚图和功能表

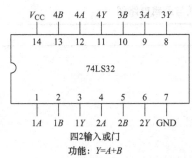

74LS32功能表		
输入		输出
A	B	Y
0	0	0
0	1	1
1	0	1
1	1	1

d) 74LS32引脚图和功能表

图 3-8　实训所用芯片的引脚图和功能表

2）用集成电路进行组合逻辑电路设计的一般步骤是：

① 根据设计要求，定义输入逻辑变量和输出逻辑变量，然后列出真值表。

② 利用卡诺图或公式法得出最简逻辑表达式，并根据设计要求所指定的门电路或选定的门电路，将最简逻辑表达式变换为指定门电路的相应形式。

③ 画出逻辑图。

④ 用逻辑门或组件构成实际电路，最后测试验证其逻辑功能。

四、实训内容及步骤

1. 用与非门设计交通报警控制电路

交通信号灯有黄、绿、红三种，三种灯分别单独工作或黄、绿灯同时工作时属正常情况，其他情况均属故障，出现故障时输出报警信号。此外，要求表达式为与或形式。

1）列真值表。设黄、绿、红三灯用 Y、G、R 表示，灯亮为"1"，灯灭为"0"。用 F 表示输出报警，正常工作时 F 为"0"，报警时 F 为"1"。根据设计要求列真值表，将表 3-5 所示真值表补充完整。

表 3-5　交通灯电路真值表

输　入			输　出
Y	G	R	F
0	0	0	
0	0	1	
0	1	0	
0	1	1	
1	0	0	
1	0	1	
1	1	0	
1	1	1	

2）列表达式。根据真值表列出逻辑表达式，变换与化简表达式，得出最简与或表达式为＿＿＿＿＿＿＿＿＿＿＿＿。

3）根据表达式画出逻辑图，将设计好的逻辑图绘制在表 3-6 中。

表 3-6　交通灯电路的逻辑表达式与逻辑电路图

逻辑表达式	
逻辑电路图	

4）电路制作。根据逻辑图和实训提供的集成门电路，选择搭建逻辑电路的集成芯片型号和数量分别为_____；对照各芯片引脚排列图，完成表3-6，并根据标号图完成图3-9中实物图的接线。

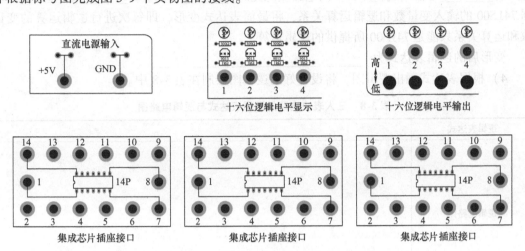

图3-9　交通灯电路实物接线图

5）功能测试。对照图3-9在 KHD-3A 型数字电子技术实训装置实验板上完成电路搭建，对照真值表（表3-5）对交通灯电路进行功能测试，验证结果与真值表的一致性。

*2. 组合逻辑电路设计和制作

根据给定的集成芯片以及要实现的逻辑功能，完成组合逻辑电路设计和制作。

设计一个三人表决电路，其中一人具有全权否决权，只有两人或两人以上同意，决议才能通过。要求只能用与非门 74LS00 实现电路搭建。

1）列真值表。设 A、B、C 分别代表参加表决的逻辑变量，F 为表决结果。对于变量，我们做如下规定：A、B、C 为"1"表示赞成，为"0"表示反对；F 为"1"表示通过，F 为"0"表示否决。根据设计要求列真值表，将表3-7所示真值表补充完整。

表3-7　表决器电路真值表

输　入			输　　出
A	B	C	F
0	0	0	
0	0	1	
0	1	0	
0	1	1	
1	0	0	
1	0	1	
1	1	0	
1	1	1	

2）列表达式。根据真值表列出逻辑表达式，化简表达式，得出最简式为_____。

3）表达式变形。74LS00逻辑功能为_____，共有_____个独立的门电路，每个门电路有_____个输入线，即每个门电路只能完成_____个变量的_____逻辑运算。根据74LS00的输入变量数和逻辑运算关系，将最简表达式变形，即每次进行逻辑运算的变量数和运算关系只能是74LS00所提供的逻辑运算。

变形后的逻辑表达式为_____。

4）根据表达式画出逻辑图，将设计好的逻辑图绘制在表3-8中。

表3-8　三人表决电路的逻辑表达式与逻辑电路图

逻辑表达式	
逻辑电路图	

5）电路制作。完成图3-10所示实物接线图。

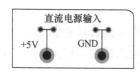
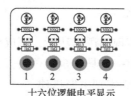

十六位逻辑电平显示

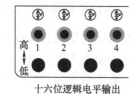

十六位逻辑电平输出

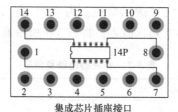

集成芯片插座接口

图3-10　三人表决电路实物接线图

6）功能测试。对照图3-10在KHD-3A型数字电子技术实训装置实验板上完成三人表决电路搭建，对照真值表（表3-7）对制作的电路进行功能测试，验证结果是否与真值表结果一致。

五、实训注意事项

1）使用直流稳压电源时，注意"＋""－"端电源线夹子不要接触在一起。

2）插、拔芯片时力度要轻。插芯片时，先用镊子将芯片引脚掰直，将每个引脚与插座插孔对齐，然后轻轻压下；拔芯片时，要用镊子取。

3）插芯片时，注意芯片的凹口与芯片插座的凹口方向一致。

4）禁止带电接线、改线。

5）使用集成电路芯片时，一定要对照芯片的引脚排列图标号、接线，不能混淆门电路的输入输出引脚。

6）TTL 与非门多余引脚可以悬空或者接高电平"1"，或门多余引脚接低电平"0"。

六、实训报告

1）如实记录实训数据。

2）以交通灯电路为例，写出组合逻辑电路的设计全过程，并画出真值表、卡诺图和电路图等。

技能实训三　半加器、全加器功能测试与应用

一、实训目的

1）掌握中规模（MSI）组合逻辑电路的功能测试。

2）验证半加器和全加器的逻辑功能。

3）学会二进制数的运算规律。

4）熟悉全加器的应用。

二、实训设备与器件

1）KHD－3A 型数字电子技术实训装置。

2）双踪示波器一台、数字万用表一块、直流稳压电源一台。

3）实训元器件：74LS00、74LS10、74LS283。

4）导线若干。

三、实训原理

1. 半加器

不考虑低位来的进位的加法称为半加。最低位的加法就是半加。完成半加功能的电路称为半加器。半加器真值表见表3-9，其中 A、B 为输入，S 为和位输出，C 为进位输出。

表 3-9　半加器真值表

输　　入		输　　出	
A	B	S	C
0	0	0	0
0	1	1	0
1	0	1	0
1	1	0	1

2. 全加器

除了最低位，其他位的加法需考虑低位向本位的进位。考虑低位来的进位的加法称为全加。完成全加功能的电路称为全加器。全加器真值表见表 3-10，其中 A、B 表示两个 1 位二进制数的被加数和加数，C_{i-1} 表示低位的进位数，S 表示相加后的本位和，C_i 表示高位的进位输出。

表 3-10 全加器真值表

输　　入			输　　出	
A	B	C_{i-1}	S	C_i
0	0	0	0	0
0	1	0	1	0
1	0	0	1	0
1	1	0	0	1
0	0	1	1	0
0	1	1	0	1
1	0	1	0	1
1	1	1	1	1

3. 4 位全加器 74LS283

74LS283 为 TTL 双极型数字集成电路，是组合逻辑电路，它的特点是先行进位，因此运算速度很快，其外形为双列直插，引脚排列和电路图符号如图 3-11 所示。它有两组 4 位二进制数输入 $A_4A_3A_2A_1$、$B_4B_3B_2B_1$，一个向最低位的进位输入端 CI，有一组二进制数输出 $S_4S_3S_2S_1$，一个最高位的进位输出端 CO，利用 74LS283 可以实现一些算术运算。

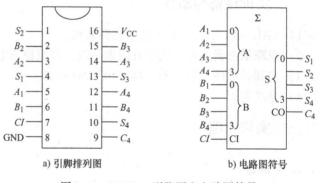

a) 引脚排列图　　　b) 电路图符号

图 3-11　74LS283 引脚图和电路图符号

4. 8421BCD 加法原理

8421BCD 码是指用一组权值由高到低分别为 8、4、2、1 的 4 位二进制数来表示十进制数中的 0 ~ 9 十个数码，4 位二进制数对应的有效数为 0000 ~ 1001，1010 ~ 1111 为非法码。

两个 1 位 8421BCD 码的加法运算，其和仍应是 8421BCD 码，如果不是，则为非法。用 4 位全加器在实现加法的过程中，共有三种情况。

1）和小于 9 的情况。

例如 4 + 3 = 7，用全加器来实现加法运算为：0100 + 0011 = 0111，结果与 8421BCD 编码结果符合，因此运算结果正确。

2）和大于9，但没有产生进位情况。

例如6 + 7 = 13，用全加器来实现加法运算为：0110 + 0111 = 1101，1101 在 8421BCD 码中为非法码，结果错误，13 的正确编码方式为（0001，0011），因此需要加6（0110）来进行修正，修正后的结果为 1101 + 0110 = 10011，结果正确。

3）和大于9，产生进位情况。

例如8 + 9 = 17，用全加器来实现加法运算为：1000 + 1001 = 10001，但17 在 8421BCD 码中的正确编码方式为（0001，0111），因此也需要加6（0110）来修正，修正后的结果为 10001 + 0110 = 10111，结果正确。

需要加6进行修正的原因是，8421BCD 码是逢十进一，而4 位二进制数是逢十六进一，二者刚好相差6。

这样构成两个1 位 8421BCD 码相加时，需要三部分组成：一部分进行加数和被加数的相加；第二部分完成修正判别，产生修正控制信号；第三部分完成加6修正。

第一部分、第三部分由4 位全加器实现，因此，该电路需要两片4 位全加器；第二部分修正判断控制信号为有进位信号产生或者和数在 10 ~ 15 时产生。用 F 表示控制信号，CO 表示全加器进位输出，$S_4S_3S_2S_1$ 为全加器二进制输出。修正控制信号 F 的表达式为

$$F = CO + S_4S_3 + S_4S_2 = \overline{\overline{CO}\ \overline{S_4S_3}\ \overline{S_4S_2}} \tag{3-1}$$

四、实训内容及步骤

1. 4 位全加器 74LS283 功能测试

1）准备芯片。测试芯片 74LS283。

2）测试电路搭建。对照图 3-11 中 74LS283 的引脚排列图，在图 3-12 中完成 74LS283 逻辑功能测试实物接线图。

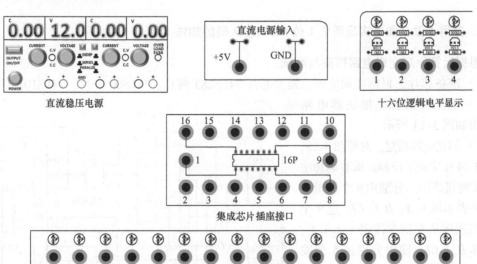

图 3-12　74LS283 逻辑关系测试实物接线图

3）电路功能测试。在 KHD－3A 型数字电子技术实训装置上对照图 3-12 将测试电路搭建好，对照表 3-11 完成 74LS283 功能的测试，并将测试结果记录在表 3-11 中。

表 3-11　74LS283 逻辑关系测试结果

输　入									输　出				
CI	A_4	A_3	A_2	A_1	B_4	B_3	B_2	B_1	S_4	S_3	S_2	S_1	CO
0	0	0	0	0	0	0	0	0					
0	0	0	0	1	0	0	0	0					
0	0	0	0	1	0	0	0	1					
0	0	0	1	0	0	0	1	1					
0	1	0	0	0	0	0	0	0					
0	1	0	0	1	0	1	1	1					
0	1	1	0	0	0	1	1	1					
0	1	1	0	0	0	0	0	0					
1	0	0	0	0	0	0	0	0					
1	0	0	0	1	0	0	0	0					
1	0	0	1	0	0	0	1	1					
1	1	0	0	0	0	0	0	1					
1	1	1	0	0	0	1	1	1					
1	1	1	0	0	1	1	0	0					

2. 采用 4 位全加器实现两个 1 位 8421BCD 码的加法

根据运算原理完成电路搭建与测试。

1）准备芯片。根据实训原理，需要芯片 74LS283 两片、74LS00 一片、74LS10 一片。

2）电路原理图。加法器电路原理图如图 3-13 所示。

3）测试电路搭建。对照图 3-13，在图 3-14 中完成 1 位 8421BCD 码加法电路实物接线图。分别用 9 个逻辑电平开关表示输入 A、B 及 CI，这 9 个开关按次序从左到右代表 $A_4 A_3 A_2 A_1$、$B_4 B_3 B_2 B_1$、CI，输出分别接 5 个发光二极管，也是按次序从左到右代表 $L_5 L_4 L_3 L_2 L_1$。

4）功能测试。参照图 3-14 在

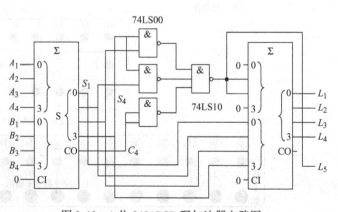

图 3-13　1 位 8421BCD 码加法器电路图

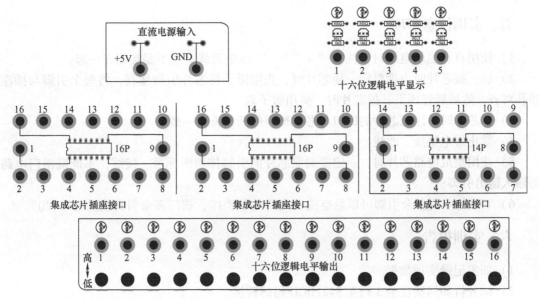

图 3-14 1 位 8421BCD 码加法电路实物接线图

KHD-3A 型数字电子技术实训装置上将电路搭建好，改变开关状态，观察 5 个发光二极管的变化，并填写表 3-12。

表 3-12 1 位 8421BCD 码加法电路真值表

输 入									输 出				
A_4	A_3	A_2	A_1	B_4	B_3	B_2	B_1	CI	L_5	L_4	L_3	L_2	L_1
0	1	0	1	0	0	1	0	0					
1	0	0	0	0	1	1	1	1					
0	1	1	0	0	1	0	1	1					
0	0	1	1	1	0	0	1	0					
0	0	1	0	1	0	0	1	0					

*3. 采用 4 位全加器设计两个 1 位 8421BCD 码的减法电路

1）选择合适的芯片，参照加法电路设计减法电路，并绘制电路原理图。

2）依据电路原理图连接电路，填写减法电路的真值表（见表 3-13），验证电路功能。

表 3-13 1 位 8421BCD 码减法电路真值表

输 入									输 出				
A_4	A_3	A_2	A_1	B_4	B_3	B_2	B_1	CI	L_5	L_4	L_3	L_2	L_1
0	1	0	1	0	0	1	0	0					
1	0	0	0	0	1	1	1	1					
0	1	1	0	0	1	0	1	1					
0	0	1	1	1	0	0	1	0					
0	0	1	0	1	0	0	1	0					

五、实训注意事项

1）使用直流稳压电源时，注意"＋""－"端电源线夹子不要接触在一起。

2）插、拔芯片时力度要轻。插芯片时，先用镊子将芯片引脚掰直，将每个引脚与插座插孔对齐，然后轻轻压下；拔芯片时，要用镊子取。

3）插芯片时，注意芯片的凹口与芯片插座的凹口方向一致。

4）禁止带电接线、改线。

5）使用集成电路芯片时，一定要对照芯片的引脚排列图标号、接线，不能混淆门电路的输入输出引脚。

6）TTL 与非门多余引脚可以悬空或者接高电平"1"，或门多余引脚接低电平"0"。

六、实训报告

1）如实记录实训数据。

2）试分析如何实现余 3 码至 8421BCD 码的转换。

技能实训四　数据选择器功能测试与应用

一、实训目的

1）熟悉中规模（MSI）集成数据选择器的逻辑功能及测试方法。

2）学会用集成数据选择器进行简单的逻辑电路设计。

二、实训仪器及材料

1）KHD－3A 型数字电子技术实训装置。

2）双踪示波器一台、数字万用表一块、直流稳压电源一台。

3）实训元器件：数据选择器 74LS153、非门 74LS04、或门 74LS32。

4）导线若干。

三、实训原理

1. 数据选择器

数据选择器（multiplexer）又称为多路开关，是一种重要的组合逻辑部件，它可以实现从多路数据传输中选择任何一路信号输出，选择的控制由专列的端口编码决定，称为地址码，数据选择器可以完成很多的逻辑功能，例如函数发生器、并串转换器、波形产生器等。四选一数据选择器原理示意图如图 3-15 所示，逻辑功能表见表 3-14。

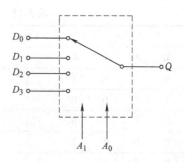

图 3-15　四选一数据选择器原理示意图

表 3-14 四选一数据选择器逻辑功能表

地 址 端		输 出
A_1	A_0	Q
0	0	D_0
0	1	D_1
1	0	D_2
1	1	D_3

2. 74LS153

常见的双四选一数据选择器为 TTL 双极型数字集成逻辑电路 74LS153，它有两个四选一数据选择器，外形为双列直插，引脚排列如图 3-16 所示，其中 D_0、D_1、D_2、D_3 为数据输入端，$1Q$、$2Q$ 为输出端，A_0、A_1 为数据选择器的控制端（地址码），同时控制两个选择器的数据输出，$1\bar{S}$ 和 $2\bar{S}$ 为工作状态控制端（使能端），功能表见表 3-15，$\bar{S}$ 为 $1\bar{S}$ 或 $2\bar{S}$。

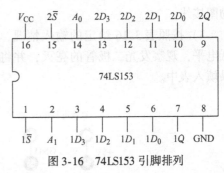

图 3-16 74LS153 引脚排列

表 3-15 74LS153 功能表

输 入			输 出	
$\bar{S}$	A_1	A_0	$1Q$	$2Q$
1	×	×	0	0
0	0	0	$1D_0$	$2D_0$
0	0	1	$1D_1$	$2D_1$
0	1	0	$1D_2$	$2D_2$
0	1	1	$1D_3$	$2D_3$

3. 用数据选择器实现组合逻辑函数

数据选择器还广泛用于产生任意一种组合逻辑函数。

1）选择器输出为标准与或式，含地址变量的全部最小项。例如四选一数据选择器，输出为

$$Q = \overline{A_1}\,\overline{A_0}D_0 + \overline{A_1}A_0D_1 + A_1\overline{A_0}D_2 + A_1A_0D_3$$

如果把 A_1、A_0 视为两个输入逻辑变量，同时把 D_0、D_1、D_2 和 D_3 取为第三个输入逻辑变量 A_2 的不同状态（原变量或反变量），或根据与项形式取数据 1 或数据 0，便可产生所需的任何一种三变量 A_2、A_1、A_0 的组合逻辑函数。可见，利用具有 n 位地址输入的数据选择器可以产生任何一种输入变量数不大于 $n + 1$ 的组合逻辑函数。注意：必须要先保证地址逻辑变量。

2）实现组合逻辑功能的步骤：

① 写出函数的标准与或式，和数据选择器输出信号表达式。

② 对照比较确定选择器各输入变量的表达式。

③ 根据采用的数据选择器和求出的表达式画出连线图。

四、实训内容及步骤

1. 验证 74LS153 的逻辑功能

1）准备芯片。74LS153 引脚排列图如图 3-16 所示。

2）测试电路搭建。图 3-17 给出了单个四选一数据选择器的测试电路搭接原理图，将 A_1、A_0 接逻辑开关，数据输入端 $1D_0 \sim 1D_3$ 接逻辑开关，输出端 $1Q$ 接发光二极管，按照图 3-17 原理图，完成图 3-18 中的 74LS153 功能测试实物图接线。

3）按照表 3-16 给定的输入情况，改变输入状态的高低电平，观察发光二极管的亮灭，并将输出状态 0 或 1 结果填入表中。

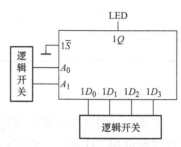

图 3-17　四选一测试电路

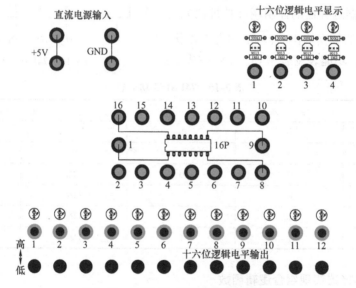

图 3-18　74LS153 功能测试实物接线图

表 3-16　74LS153 功能测试表

输　入							输　出
$1\overline{S}$	A_1	A_0	$1D_0$	$1D_1$	$1D_2$	$1D_3$	$1Q$
1	×	×	×	×	×	×	
0	0	0	0	0	0	0	
0	0	0	1	0	0	0	
0	0	1	1	0	0	1	
0	0	1	0	1	0	0	
0	1	0	1	1	0	0	
0	1	0	0	0	1	0	
0	1	1	1	0	1	0	
0	1	1	0	0	0	1	

2. 用四选一数据选择器 74LS153 设计三输入多数表决电路

1）写出真值表。设计三输入多数表决器，当两个或两个以上的人同意时，结果为通过。A、B、C 分别用于表决意见的输入，"1"表示同意，"0"表示不同意；Y 用为表决结果输出，"1"表示通过，"0"表示没通过。三输入多数表决电路真值表见表 3-17。

表 3-17 三输入多数表决电路真值表

输 入			输 出
A	B	C	Y
0	0	0	
0	0	1	
0	1	0	
0	1	1	
1	0	0	
1	0	1	
1	1	0	
1	1	1	

2）列表达式。根据真值表列出逻辑表达式，化简表达式，并转换成由最小项表示的最简式。

3）表达式改写。对照四选一数据选择器表达式，将三输入多数表决电路的表达式改写为符合四选一数据选择器表达式的形式_____。在改写后的表达式中，A_1 为变量_____，A_0 为变量_____，D_0 为_____，D_1 为_____，D_2 为_____，D_3 为_____。

4）画电路图。设计出由四选一数据选择器和必要的逻辑门电路实现的三输入多数表决电路电路图，填入表 3-18 中。

表 3-18 三输入多数表决电路的逻辑表达式和逻辑电路图

逻辑表达式	
逻辑电路图	

5）电路制作。根据逻辑图和实训提供的集成门电路，选择搭建逻辑电路的集成芯片型号和数量分别为_____；对照各芯片引脚排列图，完成图 3-19 中实物图的接线。

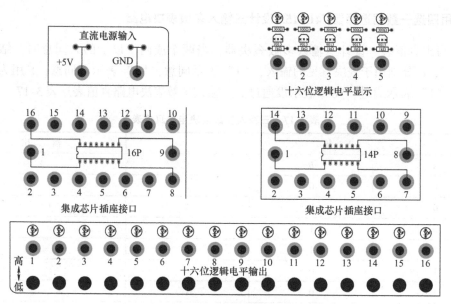

图 3-19   三输入多数表决电路实物接线图

6）功能测试。按照表 3-19 对制作好的电路进行测试，将测试结果记录在表 3-19 中。

表 3-19   多数表决器测试结果

输 入			输 出
A	B	C	Y
0	0	0	
0	0	1	
0	1	0	
0	1	1	
1	0	0	
1	0	1	
1	1	0	
1	1	1	

五、实训注意事项

1）使用直流稳压电源时，注意"＋""－"端电源线夹子不要接触在一起。

2）插、拔芯片时力度要轻。插芯片时，先用镊子将芯片引脚掰直，将每个引脚与插座插孔对齐，然后轻轻压下；拔芯片时，要用镊子取。

3）插芯片时，注意芯片的凹口与芯片插座的凹口方向一致。

4）禁止带电接线、改线。

5）使用集成电路芯片时，一定要对照芯片的引脚排列图标号、接线，不能混淆门电路的输入输出引脚。

六、实训报告

1）如实记录实训数据。

2）试分析用双四选一数据选择器 74LS153 怎样连接成八选一数据选择器。

技能实训五 编码器、译码器功能测试与应用

一、实训目的

1）掌握编码器和译码器的逻辑功能。

2）掌握 LED 七段数码管的判别方法。

3）熟悉常用字段译码器的典型应用。

4）熟悉用译码器实现组合逻辑电路的方法。

二、实训仪器及材料

1）KHD-3A 型数字电子技术实训装置。

2）数字万用表一块、直流稳压电源一台。

3）实训元器件：编码器 74LS147、74LS148，译码器 74LS138、74LS47，共阳极数码管。

4）导线若干。

三、实训原理

1. 编码器

编码器就是实现编码操作的电路。按照被编码信号的不同特点和要求，编码器分成三类：

1）二进制编码器：如用门电路构成的 4 线-2 线、8 线-3 线编码器等。

2）二-十进制编码器：将十进制的 0~9 编成 BCD 码，如：10 线十进制-4 线 BCD 码编码器 74LS147 等。

3）优先编码器：如 8 线-3 线优先编码器 74LS148 等。

实训中选用的 74LS147 为 10 线-4 线 8421BCD 编码器，引脚排列图如图 3-20 所示。$\overline{I}_1 \sim \overline{I}_9$ 为编码数据输入端，低电平（逻辑 0）有效，依次为 $\overline{I}_9$ 编码优先级最高，$\overline{I}_1$ 编码优先级最低；15 脚 NC 悬空不用；$\overline{Y}_3 \sim \overline{Y}_0$ 为编码输出端，低电平有效，当 $\overline{I}_1 \sim \overline{I}_9$ 输入全为高电平时，$\overline{Y}_3 \sim \overline{Y}_0$ 输出也全为高电平，即代表十进制数 0 的 8421BCD 码输出。74LS147 逻辑功能表见表 3-20。

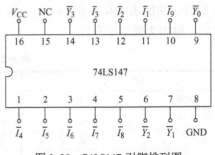

图 3-20 74LS147 引脚排列图

表 3-20   74LS147 逻辑功能表

$\overline{I_9}$	$\overline{I_8}$	$\overline{I_7}$	$\overline{I_6}$	$\overline{I_5}$	$\overline{I_4}$	$\overline{I_3}$	$\overline{I_2}$	$\overline{I_1}$	$\overline{Y_3}$	$\overline{Y_2}$	$\overline{Y_1}$	$\overline{Y_0}$
0	×	×	×	×	×	×	×	×	0	1	1	0
1	0	×	×	×	×	×	×	×	0	1	1	1
1	1	0	×	×	×	×	×	×	1	0	0	0
1	1	1	0	×	×	×	×	×	1	0	0	1
1	1	1	1	0	×	×	×	×	1	0	1	0
1	1	1	1	1	0	×	×	×	1	0	1	1
1	1	1	1	1	1	0	×	×	1	1	0	0
1	1	1	1	1	1	1	0	×	1	1	0	1
1	1	1	1	1	1	1	1	0	1	1	1	0
1	1	1	1	1	1	1	1	1	1	1	1	1

（表头：输 入 / 输 出）

2. 译码器

所谓译码，就是把代码的特定含义"翻译"出来的过程，而实现译码操作的电路称为译码器。译码器分成三类：

1）二进制译码器：如中规模 2 线-4 线译码器 74LS139、3 线-8 线译码器 74LS138 等。

2）二-十进制译码器：实现各种代码之间的转换，如 BCD 码-十进制译码器 74LS145 等。

3）显示译码器：用来驱动各种数字显示器，如共阴极数码管译码驱动器 74LS48（74LS248）、共阳极数码管译码驱动器 74LS47（74LS247）等。

实训中选用的 74LS138 为 3 线-8 线优先编码器，引脚排列如图 3-21 所示。A_2、A_1、A_0 为二进制译码输入端，$\overline{Y_7} \sim \overline{Y_0}$ 为译码输出端（低电平有效），G_1、$\overline{G_{2A}}$、$\overline{G_{2B}}$ 为选通控制端。当 $G_1 = 1$ 且 $\overline{G_{2A}} + \overline{G_{2B}} = 0$ 时，译码器处于工作状态；当 $G_1 = 0$ 或 $\overline{G_{2A}} + \overline{G_{2B}} = 1$ 时，译码器处于禁止状态。74LS138 逻辑功能表见表 3-21，功能表中 $\overline{G_2} = \overline{G_{2A}} + \overline{G_{2B}}$，输入为自然二进制码，输出为低电平有效。

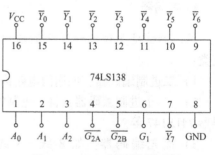

图 3-21   74LS138 引脚排列图

表 3-21   74LS138 逻辑功能表

使能		选择			输 出							
G_1	$\overline{G_2}$	A_2	A_1	A_0	$\overline{Y_7}$	$\overline{Y_6}$	$\overline{Y_5}$	$\overline{Y_4}$	$\overline{Y_3}$	$\overline{Y_2}$	$\overline{Y_1}$	$\overline{Y_0}$
×	1	×	×	×	1	1	1	1	1	1	1	1
0	×	×	×	×	1	1	1	1	1	1	1	1
1	0	0	0	0	1	1	1	1	1	1	1	0
1	0	0	0	1	1	1	1	1	1	1	0	1

（表头：输 入 —— 使能 / 选择）

（续）

| 输　　入 | | | | | 输　　出 | | | | | | | |
| 使能 | | 选择 | | | | | | | | | | |
G_1	$\overline{G_2}$	A_2	A_1	A_0	$\overline{Y_7}$	$\overline{Y_6}$	$\overline{Y_5}$	$\overline{Y_4}$	$\overline{Y_3}$	$\overline{Y_2}$	$\overline{Y_1}$	$\overline{Y_0}$
1	0	0	1	0	1	1	1	1	1	0	1	1
1	0	0	1	1	1	1	1	1	0	1	1	1
1	0	1	0	0	1	1	1	0	1	1	1	1
1	0	1	0	1	1	1	0	1	1	1	1	1
1	0	1	1	0	1	0	1	1	1	1	1	1
1	0	1	1	1	0	1	1	1	1	1	1	1

3. 七段发光二极管（LED）数码管

（1）LED 数码管的工作原理　LED 数码管是目前最常用的数字显示器，图 3-22a、b 分别为共阴极数码管和共阳极数码管的电路，图 3-22 c、d 分别为两种不同出线形式的 LED 数码管引脚图。

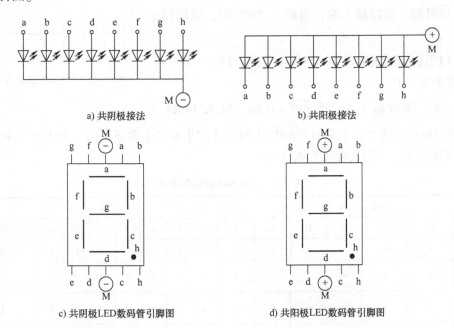

a) 共阴极接法　　　　　　　　　　b) 共阳极接法

c) 共阴极LED数码管引脚图　　　　d) 共阳极LED数码管引脚图

图 3-22　共阴极与共阳极 LED 数码管的电路接法与引脚图

一个 LED 数码管可用来显示一位 0～9 十进制数和一个小数点。小型数码管（0.5in 和 0.36in）每段发光二极管的正向压降，随显示光（通常为红、绿、黄、橙色）的颜色不同略有差别，通常为 2～2.5V，每个发光二极管的点亮电流为 5～10mA。LED 数码管要显示 BCD 码所表示的十进制数字就需要有一个专门的译码器，该译码器不但要完成译码功能，还要有相当的驱动能力。

（2）LED 数码管的判别方法　LED 数码管可用数字万用表判断为共阴极数码管或共阳极数码管，以及各字段所对应的输入引脚名称，具体的判断方法如下：

1）共阳极与共阴极的判断方法：将数字万用表的表盘旋到 "➤⊢、•⚫)）" 档，将万用表的红表笔放到 LED 数码管的公共端，黑表笔触任意引脚（除开另一公共端脚），若有数码段亮，则为共阳极数码管；否则交换红黑表笔，有数码段亮，则为共阴极数码管。

2）输入引脚对应字段的判别方法：以共阴极数码管为例，将黑表笔放到数码管公共端，红表笔依次触其他引脚，观察对应字段的发光情况，记录下每个输入端对应的数码字段。例如 a 段亮，则表示此时红表笔接触的引脚名称为 a。

4. BCD 码七段译码驱动器

常见的七段译码驱动器有 74LS47（共阳极），74LS48（共阴极），CC4511/CD4511（共阴极）等型号，本实训采用 74LS47 作为七段译码驱动器，驱动共阳极 LED 数码管，74LS47 的引脚排列如图 3-23 所示。

其中，A、B、C、D 为 BCD 码输入端，a、b、c、d、e、f、g 为译码输出端，输出低电平有效，可以用来驱动共阳极 LED 数码管。$\overline{BI}$、$\overline{LT}$、$\overline{RBI}$ 为译码器的控制引脚，其引脚功能如下。

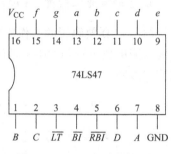

图 3-23 74LS47 引脚排列图

1）$\overline{BI}$ 引脚：消隐输入端，当 $\overline{BI}$ = "0" 时，译码输出全为 "1"。

2）$\overline{LT}$ 引脚：测试输入端，当 $\overline{BI}$ = "1"、$\overline{LT}$ = "0" 时，译码输出全为 "0"。

3）$\overline{RBI}$：灭零输入端，当 $\overline{RBI}$ = 0 时，输入 $DCBA$ 为 0000，译码输出全为 "1"。只有当 $\overline{RBI}$ =1 时，才产生 0 的七段显示码。它主要用来熄灭无效的前零和后零，逻辑功能表见表 3-22。

表 3-22 74LS47 逻辑功能表

输 入							输 出							
$\overline{RBI}$	$\overline{LT}$	$\overline{BI}$	D	C	B	A	a	b	c	d	e	f	g	字形
×	×	0	×	×	×	×	1	1	1	1	1	1	1	消隐
×	0	1	×	×	×	×	0	0	0	0	0	0	0	8
1	1	1	0	0	0	0	0	0	0	0	0	0	1	0
×	1	1	0	0	0	1	1	0	0	1	1	1	1	1
×	1	1	0	0	1	0	0	0	1	0	0	1	0	2
×	1	1	0	0	1	1	0	0	0	0	1	1	0	3
×	1	1	0	1	0	0	1	0	0	1	1	0	0	4
×	1	1	0	1	0	1	0	1	0	0	1	0	0	5
×	1	1	0	1	1	0	1	1	0	0	0	0	0	6

（续）

输　入							输　出							
$\overline{RBI}$	$\overline{LT}$	$\overline{BI}$	D	C	B	A	a	b	c	d	e	f	g	字形
×	1	1	0	1	1	1	0	0	0	1	1	1	1	˥
×	1	1	1	0	0	0	0	0	0	0	0	0	0	吕
×	1	1	1	0	0	1	0	0	0	1	1	0	0	٩
×	1	1	1	0	1	0	1	1	1	0	0	1	0	⊏
×	1	1	1	0	1	1	1	0	0	1	1	0	1	⊐
×	1	1	1	1	0	0	1	0	1	1	1	0	0	∪
×	1	1	1	1	0	1	0	1	1	0	1	0	0	⊑
×	1	1	1	1	1	0	1	1	1	0	0	0	0	┝
×	1	1	1	1	1	1								消隐
0	1	0	0	0	0	0	1	1	1	1	1	1	1	灭零

四、实训内容及步骤

1. LED 七段数码管的判别

（1）共阳极、共阴极 LED 数码管的判别及好坏判别　先确定显示器的两个公共端，二者是相通的，这两端可能是两个地端（共阴极），也可能是两个 V_{CC} 端（共阳极），然后用万用表像判别普通二极管正、负极那样判断，即可确定出是共阳极还是共阴极，好坏也随之确定。

（2）字段引脚的判别　将共阴极 LED 数码管接地端与万用表的黑表笔相接触，万用表的红表笔接触七段引脚之一，根据发光情况可以判别出 a、b、c 等七段。对于共阳极 LED 数码管，先将它的 V_{CC} 和万用表的红表笔相接触，万用表的黑表笔分别接数码管各字段引脚，则七段之一分别发光，从而判断之，将判别结果记录在表 3-23 中。

表 3-23　LED 数码管的判别

型号										
引脚编号	1	2	3	4	5	6	7	8	9	10
对应字段										
共阴极/共阳极										

2. 编码器与译码器应用测试

采用编码器 74LS147、译码器 74LS47、反相器 74LS04、共阳极 LED 数码管设计一个 0~9 数码显示电路，电路原理图如图 3-24 所示。

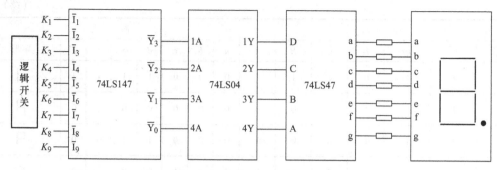

图 3-24　数码显示电路原理图

　　1）准备芯片。根据原理图选择集成芯片 74LS147 一片、74LS04 一片、共阳 LED 数码管驱动器 74LS47 一片、共阳极 LED 数码管一个。

　　2）电路设计。根据图 3-24 所示原理图，完成图 3-25 中的电路实物搭建图。（注意：可直接选择实训面板上已搭建好的静态数码管显示来实现译码显示部分。）其中，74LS04 的逻辑功能是实现_____运算，74LS147 是输出_____（低电平/高电平）有效，而 74LS47 译码输入是二进制码，因此需要 74LS04 实现转换。

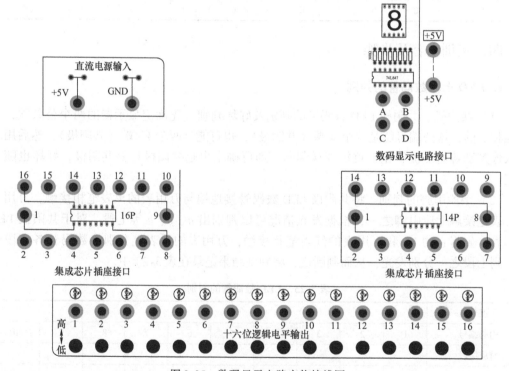

图 3-25　数码显示电路实物接线图

　　3）电路测试。编码器输入为_____（低电平/高电平）有效，因此对输入进行数码显示时，对应逻辑开关要拨向_____（低电平/高电平）端，比之优先级高的输入端对应逻辑开关要拨向_____（低电平/高电平）端。按照表 3-24 完成电路测试，将数码显示结果记录在表 3-24 中。

表 3-24 数码显示电路测试表

输 入									LED 数码管显示
K_1	K_2	K_3	K_4	K_5	K_6	K_7	K_8	K_9	
1	1	1	1	1	1	1	1	1	
0	1	1	1	1	1	1	1	1	
×	0	1	1	1	1	1	1	1	
×	×	0	1	1	1	1	1	1	
×	×	×	0	1	1	1	1	1	
×	×	×	×	0	1	1	1	1	
×	×	×	×	×	0	1	1	1	
×	×	×	×	×	×	0	1	1	
×	×	×	×	×	×	×	0	1	
×	×	×	×	×	×	×	×	0	

3. 用 3－8 线译码器 74LS138 设计一个三变量的奇数判决器

1）写真值表。设计一个输入端为三变量的判奇电路（要求用译码器和与非门实现）。设 A、B、C 为输入变量，Y 表示输出。当输入变量中有奇数个 1 的时候，Y 输出 1；有偶数个 1 的时候，Y 输出 0。

表 3-25 三变量奇数判决器真值表

输 入			输 出
A	B	C	Y
0	0	0	
0	0	1	
0	1	0	
0	1	1	
1	0	0	
1	0	1	
1	1	0	
1	1	1	

2）列表达式。根据真值表列出逻辑表达式，化简表达式，将表达式改写成由最小项构成的表达式为 _____。

3）表达式改写。将表达式转换成与非–与非形式为 _____。

4）画电路图。设计出由 3 线-8 线译码器 74LS138 和必要的逻辑门实现的三变量奇数判决器逻辑电路图，填入表 3-26 中。

表 3-26　三变量奇数判决器的逻辑表达式和逻辑电路图

逻辑表达式	
逻辑电路图	

5）电路制作。根据逻辑图和实训提供的集成门电路，选择搭建逻辑电路的集成芯片型号和数量分别为 _____；对照各芯片引脚排列图完成图 3-26 中实物图的接线。

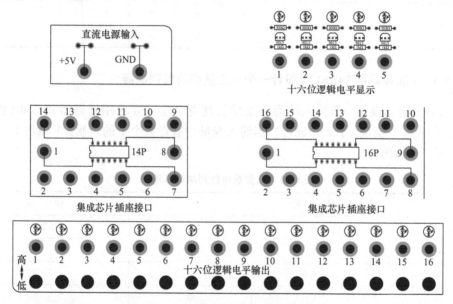

图 3-26　三变量奇数判决器实物接线图

6）功能测试。按照表 3-27 对制作好的电路进行测试，将测试结果记录在表 3-27 中。

表 3-27　电路测试结果

输　　入			输　　出
A_2	A_1	A_0	Y
0	0	0	
0	0	1	
0	1	0	
0	1	1	
1	0	0	
1	0	1	
1	1	0	
1	1	1	

五、实训注意事项

1）使用直流稳压电源时，注意"+""-"端电源线夹子不要接触在一起。

2）插、拔芯片时力度要轻。插芯片时，先用镊子将芯片引脚掰直，将每个引脚与插座插孔对齐，然后轻轻压下；拔芯片时，要用镊子取。

3）插芯片时，注意芯片的凹口与芯片插座的凹口方向一致。

4）禁止带电接线、改线。

5）使用集成电路芯片时，一定要对照芯片的引脚排列图标号、接线，不能混淆门电路的输入输出引脚。

六、实训报告要求

1）如实记录实训数据。

2）总结用集成电路进行各种扩展电路的方法。

3）试分析用分立元器件门电路和集成门电路构成的组合逻辑电路各有什么优缺点。

技能实训六 触发器功能测试与应用

一、实训目的

1）熟悉基本 RS 触发器、同步 RS 触发器、JK 触发器、D 触发器、T 触发器的逻辑功能与特点。

2）熟悉触发器之间功能转换的方法。

3）熟悉用双踪示波器观测多个波形的方法。

二、实训仪器及材料

1）KHD-3A 型数字电子技术实训装置。

2）双踪示波器一台、数字万用表一块、直流稳压电源一台。

3）实训元器件：2 输入与非门 74LS00、3 输入与非门 74LS10、D 触发器 74LS74。

4）导线若干。

三、实训原理

1）74LS00、74LS10、74LS74、74LS112 各引脚功能图见附录 G。

2）触发器的基本类型和逻辑功能。

按照逻辑功能不同，常见的触发器有 RS 触发器、D 触发器、JK 触发器、T 触发器和 T′触发器，详细情况见表 3-28。

按照触发脉冲的触发形式不同，常见的触发器触发类型有高电平触发、低电平触发、上升沿触发和下降沿触发以及主从触发器的脉冲触发。

表 3-28　常见触发器的特性方程和功能表

类　型	特　性　方　程	功　能　表

基本 RS 触发器

特性方程：$Q^{n+1} = S + \bar{R}Q^n$　　$\bar{R} + \bar{S} = 1$（约束条件）

$\bar{R}$	$\bar{S}$	Q^n	Q^{n+1}	逻辑功能	$\bar{R}$	$\bar{S}$	Q^n	Q^{n+1}	逻辑功能
1	1	0 1	0 1	保持	1	0	0 1	1 1	置1
0	1	0 1	0 0	置0	0	0	0 1	1* 1*	不确定

注：* 表示 $\bar{R}$、$\bar{S}$ 同时由 0 跳变为 1 后，触发器状态不确定。

同步 RS 触发器

特性方程：$Q^{n+1} = S + \bar{R}Q^n$　　$RS = 0$（约束条件）

CP	R	S	Q^n	Q^{n+1}	逻辑功能	CP	R	S	Q^n	Q^{n+1}	逻辑功能
0	×	×	0	0	保持	1	1	0	1	0	置0
0	×	×	1	1	保持	1	0	1	0	1	置1
1	0	0	0	0	保持	1	0	1	1	1	置1
1	0	0	1	1	保持	1	1	1	0	1*	不确定
1	1	0	0	0	置0	1	1	1	1	1*	不确定

注：* 表示 CP 回到低电平后，触发器的状态不确定。

JK 触发器

特性方程：$Q^{n+1} = J\bar{Q^n} + \bar{K}Q^n$

CP	J	K	Q^{n+1}	功　能
1	0	0	Q^n	保持
1	0	1	0	置0
1	1	0	1	置1
1	1	1	$\bar{Q^n}$	翻转（计数）

D 触发器

特性方程：$Q^{n+1} = D$

CP	D	Q^n	Q^{n+1}	逻辑功能
0	×	0 1	0 1	保持
1	0	0 1	0 0	置0
1	1	0 1	1 1	置1

T 触发器

特性方程：$Q^{n+1} = T\bar{Q^n} + \bar{T}Q^n$

T	Q^{n+1}
0	Q^n
1	$\bar{Q^n}$

3）触发器的转换。目前市场上供应的触发器多为集成 JK 触发器和 D 触发器，很少有 T 触发器和 T′触发器，但可以利用转换的方法获得不同功能的触发器。

四、实训内容及步骤

1. 用与非门 74LS00 构成基本 RS 触发器

1）准备芯片。选用与非门芯片 74LS00，其引脚排列图见附录 G。

2）测试电路搭建。按图 3-27 提供的原理图接线，在图 3-28 所示的实物图中画出搭建的接线图。

3）功能测试。改变输入，观察输出端的状态并填入表 3-29 中。

图 3-27　基本 RS 触发器构成原理图

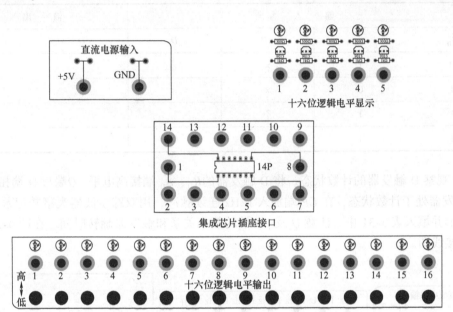

图 3-28　基本 RS 触发器搭建实物接线图

表 3-29　基本 RS 触发器功能表

$\overline{R}$	$\overline{S}$	Q	$\overline{Q}$
0	0		
0	1		
1	0		
1	1		

2. D 触发器功能测试

1）验证 D 触发器逻辑功能。D 触发器集成芯片 74LS74 引脚图如图 3-29 所示，将双 D

电子技术实训教程

触发器 74LS74 中的一个触发器的 $\overline{R}_D$、$\overline{S}_D$ 和 D 输入端分别接逻辑开关，CP 端接单次脉冲，输出端 Q 和 $\overline{Q}$ 分别接发光二极管，观察输出端状态填入表 3-30 中。

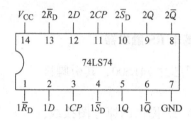

图 3-29　74LS74 芯片引脚图

表 3-30　D 触发器功能表

输　　　入				输　　　出	
$\overline{S}_D$	$\overline{R}_D$	CP	D	Q	$\overline{Q}$
0	1	×	×		
1	0	×	×		
1	1	↑	1		
1	1	↑	0		

2）观察 D 触发器的计数状态。将 D 触发器的 $\overline{R}_D$、$\overline{S}_D$ 端接高电平，$\overline{Q}$ 端与 D 端相连，这时 D 触发器处于计数状态，在 CP 端加入 1kHz 连续脉冲，用双踪示波器观察并记录 CP、Q 端的波形并填入表 3-31 中。注意 Q 及 CP 端的频率关系和触发器翻转时间。在图 3-30 中完成实物接线图。

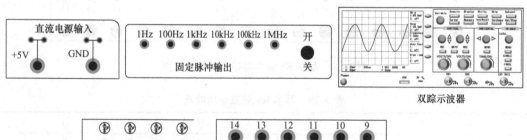

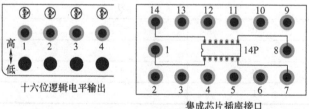

图 3-30　D 触发器计数状态测试实物接线图

表 3-31　D 触发器计数状态表

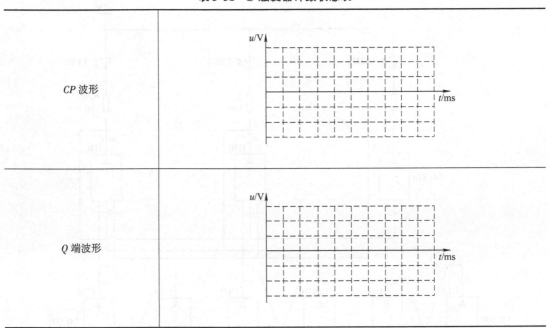

CP 波形	
Q 端波形	

3. 用触发器设计一个三人抢答器

电路图如图 3-31 所示，该电路具有如下功能：

① 开关 S 为总清零及允许抢答控制开关（可由主持人控制）。当开关 S 被按下时抢答电路清零，松开后则允许抢答。由抢答按钮 $S_1 \sim S_3$ 实现抢答信号的输入。

② 若有抢答信号输入（$S_1 \sim S_3$ 中的任何一个按钮被按下）时，与之对应的指示灯被点亮。此时再按任何一个抢答开关均无效，指示灯仍"保持"第一个开关按下时所对应的状态不变。

1）按照电路图将实训电路搭建好。

① 元器件选择。根据实训原理图，选择 2 输入 74LS00 芯片_____片，3 输入与非门 74LS10 芯片_____片，发光二极管（LED）_____个，510Ω 电阻_____个，1kΩ 电阻_____个。

② 电路设计。根据图 3-31 所示实训原理图，先在图 3-32 所示实物接线图的元器件插孔座图中画上需要插装的元器件，标上参数，然后完成实物接线图的连线。

③ 在 KHD－3A 型数字电子技术实训装置上将实训电路搭建完成。

2）电路调试。

首先按抢答器功能进行操作，当有抢答信号输入时，观察对应发光二极管是否点亮，若不亮，可用万用表（逻辑笔）分别测量相关与非门输入、输出端电平是否正确，由此检查电路的连接及芯片的好坏。

若抢答开关按下时发光二极管亮，松开时又灭掉，说明电路不能保持，此时应检查与非门相互间的连接是否正确，直至排除全部故障为止。

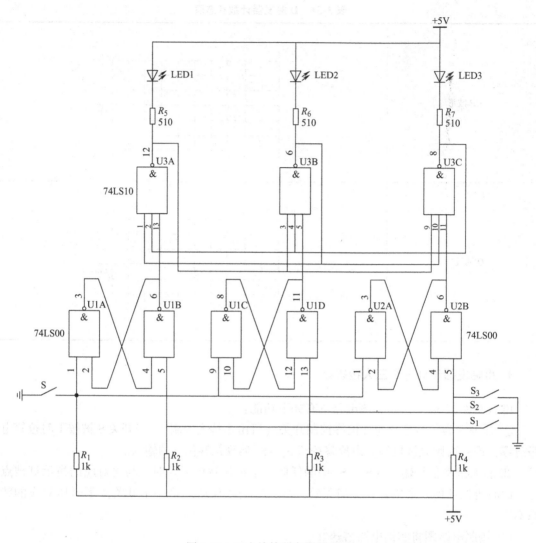

图 3-31　三人抢答器实训原理图

3）电路功能测试。

① 按下清零开关 S 后，所有发光二极管灭。

② 按下 $S_1 \sim S_3$ 中的任何一个按钮（如 S_1），与之对应的发光二极管（LED_1）应被点亮，此时再按开关均无效。

③ 按下清零开关 S，所有发光二极管应全部熄灭。

④ 重复步骤②和③，依次检查各发光二极管是否被点亮。

4）电路分析。分析图 3-32 所示电路图，完成表 3-32 中各项内容，表中"1"表示高电平，开关闭合或发光二极管亮；"0"表示低电平，开关断开或发光二极管灭。表中，S、S_3、S_2、S_1 分别为开关的输入状态，$Q_3 \sim Q_1$ 分别表示 74LS10 集成电路芯片 3 个与非门输出状态，$D_3 \sim D_1$ 分别表示 LED 的发光状态。如不能正确分析，可通过实验检测来完成。

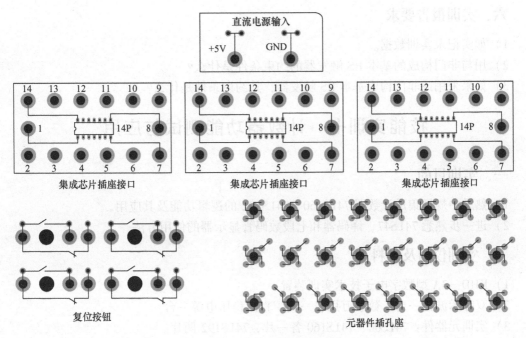

图 3-32 三人抢答器实物接线图

表 3-32 三人抢答器逻辑功能表

输 入				输 出					
S	S_3	S_2	S_1	Q_3	Q_2	Q_1	D_3	D_2	D_1
0	0	0	1						
0	0	1	0						
0	1	0	0						
0	0	0	0						
1	0	0	1						
1	0	1	0						
1	1	0	0						
1	0	0	0						

五、实训注意事项

1）使用直流稳压电源时，注意"＋""－"端电源线夹子不要接触在一起。

2）插、拔芯片时力度要轻。插芯片时，先用镊子将芯片引脚掰直，将每个引脚与插座插孔对齐，然后轻轻压下；拔芯片时，要用镊子取。

3）插芯片时，注意芯片的凹口与芯片插座的凹口方向一致。

4）禁止带电接线、改线。

5）使用集成电路芯片时，一定要对照芯片的引脚排列图标号、接线，不能混淆门电路的输入输出引脚。

六、实训报告要求

1）如实记录实训数据。

2）用与非门构成的基本 RS 触发器的约束条件是什么？

3）如果采用或非门构成基本 RS 触发器，其约束条件是什么？

技能实训七 计数器功能测试与应用

一、实训目的

1）熟悉中规模集成计数器 74LS160、74LS192 的逻辑功能及其应用。

2）进一步熟悉 74LS47、译码器和七段数码管显示器的使用方法。

二、实训仪器及材料

1）KHD‐3A 型数字电子技术实训装置。

2）双踪示波器一台、数字万用表一块、直流稳压电源一台。

3）实训元器件：74LS00、74LS160 各一片，74LS192 两片。

4）导线若干。

三、实训原理

计数器是数字系统中用得较多的基本逻辑器件，它的基本功能是统计时钟脉冲的个数，即实现计数操作，它也可以用于分频、定时、产生节拍脉冲和脉冲序列等。例如，计算机中的时序发生器、分频器及指令计数器等都要使用计数器。

计数器的种类很多。按构成计数器中的各触发器是否使用一个时钟脉冲源来分，可以分为同步计数器和异步计数器；按进位体制的不同，可分为二进制计数器、十进制计数器和任意进制计数器；按计数过程中数字增减趋势的不同，可分为加法计数器、减法计数器和可逆计数器。本实训中使用的是中规模同步十进制加法计数器 74LS160。

1. 中规模同步十进制加法计数器 74LS160

74LS160 是中规模集成同步十进制加法计数器，具有异步清零和同步预置数的功能。使用 74LS160 通过置零法或置数法可以实现任意进制的计数器，其引脚排列如图 3-33 所示，逻辑功能见表 3-33。

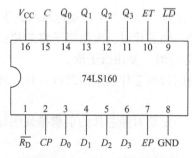

图 3-33 74LS160 引脚排列图

表 3-33　74LS160 的逻辑功能表

输　入									输　出			
$\overline{R_D}$	$\overline{LD}$	ET	EP	CP	D_0	D_1	D_2	D_3	Q_0	Q_1	Q_2	Q_3
0	×	×	×	×	×	×	×	×	0	0	0	0
1	0	×	×	↑	d_0	d_1	d_2	d_3	d_0	d_1	d_2	d_3
0	1	1	1	↑	×	×	×	×	计数			
1	1	0	×	×	×	×	×	×	保持			
1	1	×	0	×	×	×	×	×	保持			

74LS160 引脚的主要功能描述如下：

1）异步清零：当 $\overline{R_D}=0$ 时，$Q_0=Q_1=Q_2=Q_3=0$。

2）同步预置：当 $\overline{LD}=0$ 且 $\overline{R_D}=1$ 时，在时钟脉冲 CP 上升沿作用下，$Q_0=D_0$，$Q_1=D_1$，$Q_2=D_2$，$Q_3=D_3$。

3）锁存：当使能端 $EP\cdot ET=0$ 时，计数器禁止计数，为锁存状态。

4）计数：当使能端 $EP=ET=1$ 时，为计数状态。

5）$D_0\sim D_3$ 为并行数据输入端。

6）$Q_0\sim Q_3$ 为数据输出端。

7）C 为进位输出端。

8）CP 为时钟输入端。

2. 任意进制计数器的构成方法

（1）用复位法获得任意进制计数器　假定已有 N 进制计数器，而需要得到一个 M 进制计数器时，只要 $M<N$ 即可，当计数到 M 时，使复位功能端满足 $\overline{R_D}=0$ 条件，复位使计数器清零，即获得 M 进制计数器。

（2）利用预置功能获得 M 进制计数器　由于计数器的预置功能段，需要时钟脉冲的作用下，才能将并行数据输入端的数据置给输出端，使计数器的输出状态跳变成 $Q_0=D_0$，$Q_1=D_1$，$Q_2=D_2$，$Q_3=D_3$，因此，对于已有的 N 进制计数器产生 M 进制计数器，当计数为 $M-1$ 状态时，使预置功能端满足 $\overline{LD}=0$，等到下一个 CP 上升沿到达时，使 $Q_3Q_2Q_1Q_0=D_3D_2D_1D_0=0000$，恢复到初始状态，重新开始计数，实现 M 进制计数。

3. 计数器的级联

一个十进制计数器只能表示 $0\sim 9$ 十个数，为了扩大计数器范围，常用多个十进制计数器级联使用。同步计数器往往设有进位（或借位）输出端，故可选用其进位（或借位）输出信号驱动下一级计数器。图 3-34 给出了用两片 74LS160 级联扩展计数器计数范围的方法，扩展后的计数器能实现 100 进制计数。

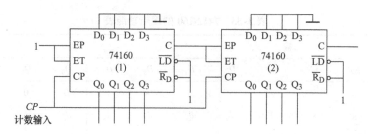

图 3-34　用两片 74LS160 级联扩展计数器计数范围（采用并行进位方式）

四、实训内容及步骤

1. 测试 74LS160 的逻辑功能

计数器的计数脉冲由 KHD – 3A 实训台上的单次脉冲提供，清零端、置数端、使能端、数据输入端分别接相应的逻辑电平输出插孔，输出端 Q_3、Q_2、Q_1、Q_0 接译码显示电路，用来观察计数器的计数状态。

1）测试电路搭建。将 74LS160 逻辑功能测试电路实物接线图在图 3-35 中连接好。

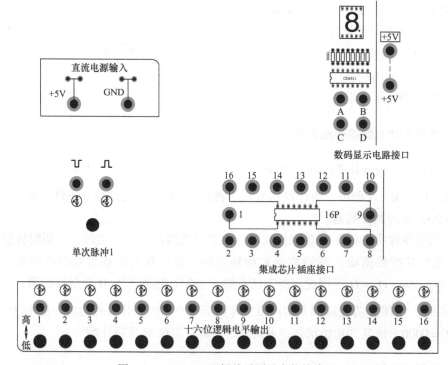

图 3-35　74LS160 逻辑关系测试实物接线图

2）功能测试。按表 3-33 逐项测试并判断该集成块的功能是否正常。

2. 用 74LS160 和与非门构成六进制计数器（用异步清零端设计）

1）电路设计。用状态转换图确定六进制计数器的计数状态，在表 3-34 中将设计好的计数器电路图绘制出来。

表 3-34　六进制计数器的状态转换图与电路图

状态转换图	
电路图	

2）电路制作。计数器的计数脉冲由 KHD－3A 型实训台上的单次脉冲给出，给计数器接上译码显示电路（注意：可直接选择实训面板上已搭建好的静态数码管显示来实现译码显示部分），用于观察计数状态。在图 3-36 中完成实训实物的接线。

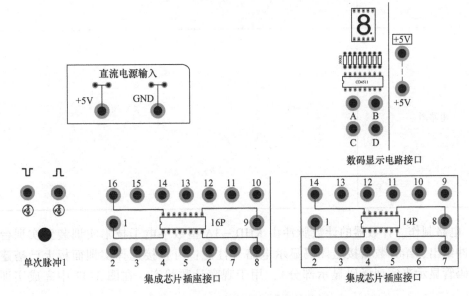

图 3-36　六进制计数器实物接线图

3）电路搭建。根据图 3-36 在 KHD－3A 型数字电子技术实训装置上将电路搭建好。

4）电路功能测试。将译码显示清零，按下单次脉冲键，观察数码管显示结果，将显示结果记录在表 3-35 中。

表 3-35　六进制计数器计数显示结果

CP 脉冲个数	1	2	3	4	5	6	7	8	9	10	11	12
数码显示管显示数字												

3. 用 74LS160 和与非门构成 24 进制计数器（用异步清零端设计）

1）准备芯片。根据计数状态，需要两片 74LS160 和一片 74LS00。

2）电路设计。24 进制计数器的起始状态为 0，最后一个计数状态是 24，在 24 状态产生清零信号，采用整体清零方式实现计数，根据计数状态，两片 74LS160 先接成 100 进制计数器，当高位计数芯片计数到 2 状态，同时低位芯片计数到 4 状态时，条件同时满足，产生清零信号，返回到初始状态，开始重复计数。根据分析的计数工作原理，在表 3-36 中绘制出设计好的 24 进制计数器电路图。

表 3-36　24 进制计数器的状态转换图与电路图

状态转换图	
电路图	

3）电路制作。计数器的计数脉冲由 KHD－3A 型数字电子技术实训装置实训台上的单次脉冲给出，给计数器接上译码显示电路（注意：可直接选择实训面板上已搭建好的静态数码管显示来实现译码显示部分），用于观察计数状态。在图 3-37 中完成实训实物接线图。

4）电路搭建。根据图 3-37 在 KHD－3A 型数字电子技术实训装置上将电路搭建好。

5）电路功能测试。将译码显示清零，按下单次脉冲键，观察数码管显示结果，将显示结果记录在表 3-37 中。

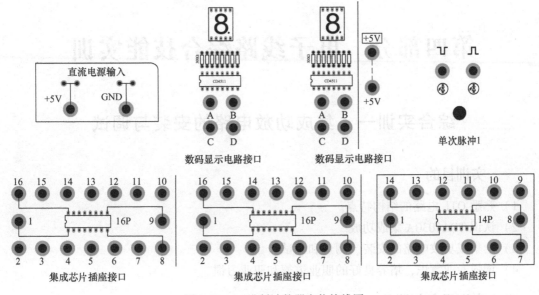

图 3-37　24 进制计数器实物接线图

表 3-37　24 进制计数器计数显示结果

CP 脉冲个数	1	2	3	4	5	6	7	8	9	10	11	12
数码显示管显示数字												
CP 脉冲个数	13	14	15	16	17	18	19	20	21	22	23	24
数码显示管显示数字												

五、实训注意事项

1）使用直流稳压电源时，注意"＋""－"端电源线夹子不要接触在一起。

2）插、拔芯片时力度要轻。插芯片时，先用镊子将芯片引脚掰直，将每个引脚与插座插孔对齐，然后轻轻压下；拔芯片时，要用镊子取。

3）插芯片时，注意芯片的凹口与芯片插座的凹口方向一致。

4）禁止带电接线、改线。

5）使用集成电路芯片时，一定要对照芯片的引脚排列图标号、接线，不能混淆门电路的输入输出引脚。

六、实训报告

1）如实记录实训数据。

2）通过实训总结利用计数器实现任意进制计数器的方法。

第四部分　电子线路综合技能实训

综合实训一　集成功放电路的安装与调试

一、实训目的

1）熟悉 OTL 电路的结构特点。

2）认识 TDA2030A 集成功放。

3）会集成功放电路的安装、测量和调试。

4）增强专业意识，培养良好的职业道德和职业习惯。

二、实训设备与器件

1）仪器清单：数字万用表一块，双踪数字示波器一台，函数信号发生器一台，线性直流稳压电源一台。

2）其他设备清单：恒温电烙铁一只，烙铁架一个，焊锡丝若干，松香一盒，集成功放电路板一块。

3）元器件清单见表 4-1。

表 4-1　集成功放电路的元器件清单

序　号	名　　称	型号与规格	封　装	数　量	单　位
1	电阻	150kΩ，1/4W	色环直插	1	只
2	电阻	4.7kΩ，1/4W	色环直插	1	只
3	电阻	10kΩ，1/4W	色环直插	3	只
4	电阻	10Ω，1/4W	色环直插	1	只
5	功率电阻	30Ω，2W	色环直插	1	只
6	极性电解电容	10μF，25V	直插 5mm×11mm	1	只
7	极性电解电容	22μF，25V	直插 5mm×11mm	1	只
8	极性电解电容	100μF，25V	直插 6mm×11mm	2	只
9	极性电解电容	470μF，25V	直插 8mm×12mm	1	只
10	瓷片电容	0.1μF，50V	直插	2	只
11	二极管	1N4007，1A，1200V	直插 DO-41	2	只
12	集成功放	TDA2030A	直插 TO-220-5	1	块
13	排针	直针间距 2.54mm	直插，单排，圆头	10	针
14	PCB			1	块

三、电路原理

1. TDA2030A 的认识

TDA2030A 是德律风根公司生产的音频功放电路，采用 V 形 5 脚单列直插式塑料封装结构。该集成电路广泛应用于汽车立体声收录音机、中功率音响设备，具有体积小、输出功率大、谐波失真和交越失真小等特点，并设有短路和过热保护电路等。具体实物和引脚图如图 4-1 所示。

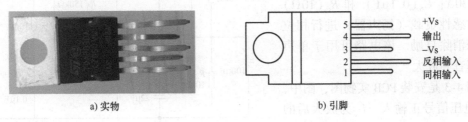

a) 实物　　　　　　　　b) 引脚

图 4-1　TDA2030A 实物和引脚图

TDA2030A 具有以下特点：

1）外接元器件非常少。

2）输出功率大，$P_o = 18W (R_L = 4\Omega)$。

3）采用超小型封装（TO-220），可提高组装密度。

4）开机冲击极小。

5）内含各种保护电路，因此工作安全可靠。主要保护电路有：短路、过热、地线偶然开路、电源极性反接（$V_{smax} = 12V$）及负载泄放电压反冲等。

TDA2030A 的主要电气参数见表 4-2。

表 4-2　TDA2030A 电气参数（$V_{CC} = \pm 14V$，$T_a = 25℃$）

参 数 名 称	符号	测 试 条 件		最小值	典型值	最大值	单位
电源电压	V_{CC}			±6		±18	V
静态电源电流	I_{CCQ}	$V_{CC} = \pm 18V$			40	60	mA
电源电流	I_{CC}	$P_o = 14W$，$R_L = 4\Omega$			900		mA
		$P_o = 9W$，$R_L = 8\Omega$			500		
输出功率	P_d	$G_{VC} = 30dB$ $f = 40 \sim 15000Hz$	$R_L = 4\Omega$	12	15		W
			$R_L = 8\Omega$	8	10		
输入阻抗	R_i	1 脚		0.5	5		MΩ
闭环电压增益	G_{VC}	$f = 1kHz$		29.5	30	30.5	dB

注：其中闭环电压增益的计算公式是

$$G_{VC} = 20\lg \frac{U_o}{U_{in}} = 20\lg \left[\left(1 + \frac{R_5}{R_4}\right) U_{in} \right]$$

2. 电路工作原理

图 4-2 是由 TDA2030A 等构成的单电源功率放大电路，电压信号（语音信号）从 U_{in}

输入，从扬声器以声音的形式输出。需要特别注意的是，R_5（150kΩ）和 R_4（4.7kΩ）决定放大电路的闭环增益，R_4 电阻越小，增益越大，但增益太大会造成信号失真，因此要合理选择；两个二极管（1N4007）是防止扬声器感性负载反冲而影响音质，同时防止输出电压峰值损坏集成块 TDA2030A；C_6（0.1μF）和 R_6（10Ω）用于对感性负载（扬声器）进行相位补偿来消除自励。该电路可用于单声道功率音频放大。

图 4-3 是安装 PCB 实物图，图中，U_{in} 为电压信号正输入，U_o 为放大后的电压信号正输出，V_{CC} 为电源电压正端，GND 为公共端（负端）。图中标有"＋"号为极性电解电容正极，

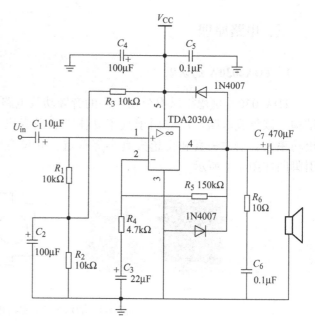

图 4-2 TDA2030A 单电源功率放大电路

VD_1、VD_2 画有短线的一端为二极管的负极，TDA2030A 标有 1、2、3、4、5 引脚序号，按照引脚安装即可，图 4-2 所示的扬声器用功率电阻 R_L 代替。

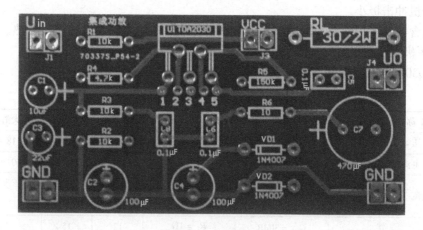

图 4-3 PCB 实物图

四、安装与调试步骤

1. 安装前的准备工作

1）按照表 4-1 所示的元器件清单，领取并清理元器件。

2）选择恰当的装调工具、仪器和设备，并列出详细清单，填入表 4-3 中。

表 4-3 装调工具、仪器和设备清单

序号	名 称	型号/规格	数量	备注

2. 电路安装

1）元器件检测：使用万用表对元器件进行检测，具体检测方法请参考本书的第二部分的"技能实训一"和"技能实训二"。

2）元器件安装：在提供的 PCB 上装配电路，且装配工艺符合 IPC‑A‑610D 标准的二级产品等级要求。装配图中的 J_1、J_2、J_3、J_4、J_5 使用排针，作为本产品的接线端子。

3）装配注意事项：装配时请注意极性电容、二极管的极性等；装配时请按照元器件的高低，按照层次进行焊接，先安装最低的元器件（如电阻、二极管），后安装最高的元器件（如 TDA2030）。

3. 电路调试

1）调试前，请在图 4-4 中绘制电路与仪器仪表的接线示意图。

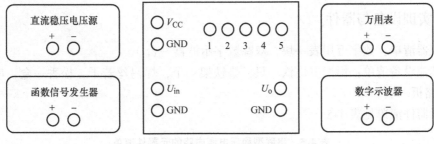

图 4-4 测试接线示意图

2）参数测试。

静态测试：电源接入 12V 直流电源，$U_{in} = 0$，利用提供的仪表测量 TDA2030A 各引脚的对地电压，将结果填入表 4-4 中。

表 4-4 静态测量数据表

	1 脚	2 脚	3 脚	4 脚	5 脚
电压测试值/V					

动态测试：电源接入 12V 直流电源，输入端接入频率为 1kHz，峰–峰值为 0.1V 的正弦波信号，用示波器观察输出波形，并将波形在图 4-5 中绘制下来。

图 4-5 输出波形图

五、训练注意事项

1）使用电烙铁进行焊接操作时，一定要严格遵守使用规则，不要对自己、他人和仪器设备等造成不必要的损伤。

2）电路安装时，一定要注意极性器件的安装方向。

3）电路安装好后进行通电前的检测，检查电路板电源有无短路、线路连接是否可靠。

六、实训报告

1）如实记录测量数据。

2）分析实训电路的静态工作点和电压放大倍数。

综合实训二 串联型稳压电源电路的安装与调试

一、实训目的

1）熟悉串联型稳压电源电路的结构特点。

2）能分析串联型稳压电源的原理。

3）会串联型稳压电源电路的安装、测量和调试。

4）增强专业意识，培养良好的职业道德和职业习惯。

二、实训设备与器件

1）仪器清单：数字万用表一块，双踪数字示波器一台。

2）其他设备清单：恒温电烙铁一只，烙铁架一个，焊锡丝若干，松香一盒，串联型稳压电源电路板一块。

3）元器件清单见表 4-5。

表 4-5 串联型稳压电源电路的元器件清单

序　号	名　称	型号与规格	封　装	数　量	单　位
1	电阻	5.1kΩ，1/4W	色环直插	2	只
2	电阻	510Ω，1/4W	色环直插	1	只
3	电阻	1kΩ，1/4W	色环直插	2	只
4	功率电阻	1Ω，1W	色环直插	1	只
5	功率电阻	100Ω，1W	色环直插	1	只
6	可调电位器	1kΩ	RM065 卧式，蓝白	1	只

（续）

序 号	名 称	型号与规格	封 装	数 量	单 位
7	极性电解电容	220μF，50V	直插 8mm×12mm	1	只
8	极性电解电容	47μF，25V	直插 6mm×11mm	1	只
9	极性电解电容	100μF，25V	直插 6mm×11mm	1	只
10	瓷片电容	0.1μF，50V	直插	1	只
11	整流二极管	1N4007，1A，1200V	直插 DO-41	4	只
12	稳压二极管	1N4735，1W	直插 DO-41	1	只
13	晶体管	9014	直插 TO-92	3	只
14	晶体管	2SD669	直插 TO-126	1	只
15	短接帽	开口 2.54mm		1	片
16	排针	直针间距 2.54mm	直插，单排，圆头	8	针
17	PCB			1	块

三、电路原理

1. 电路组成

串联型直流稳压电源电路如图 4-6 所示。图中电路输入的电压从 AC_IN 端输入，一般为 220V/50Hz 市电经过变压器后得到的合适大小的正弦交流电压。整流二极管 $VD_1 \sim VD_4$、C_1 构成桥式整流滤波电路，R_8 为测试负载。调整管由 VT_1 和 VT_2 复合构成，极大提高了带负载能力。由 R_3 和 VS 构成二极管稳压电路，给比较放大晶体管 VT_4 的发射极提供 6.2V 的基准电压，与 R_1、R_2、RP 构成的取样电路的取样电压进行比较，获得误差电压，去控制调整管，R_7 和 C_2 构成滤波电路，可以有效平滑比较放大管 VT_4 的输出电压，使调整管平滑工作，达到有效降低输出纹波的目的。电容 C_3、C_4 构成输出滤波电路，R_L 为负载电阻，U_o 为直流电压正输出。R_4、VT_3 构成过载保护电路，此电路设计的保护电流在 1A 左右。

图 4-7 是安装 PCB 实物图，图中 AC_IN 为交流电压输入，U_o 为直流电压正输出，GND 为直流电压负输出端。图中标有"+"号为极性电解电容正极，VD_1、VD_2、VD_3、VD_4、VS 画有短线的一端为 S_1 负极。图中大功率管 2SD669 的方形焊盘为第 1 脚，也就是发射极。图中 K_1 为短接帽，替代开关 S_1。

2. 电路的原理与故障分析

（1）稳压过程 当电网电压升高或负载电流减小时，输出电压 U_o 升高。该电压升高导致 VT_4 基极电压升高，I_{B4} 升高，I_{C4} 升高，U_{R7} 升高，U_{B2} 降低，I_{B2} 和 I_{E2} 降低，I_{B1} 和 I_{C1} 降低，U_{CE1} 升高，从而使得输出电压 U_o 降低，达到稳定输出电压的目的。

当电网电压降低或负载电流增加时，输出电压 U_o 降低。该电压降低导致 VT_4 基极电压降低，I_{B4} 降低，I_{C4} 降低，U_{R7} 降低，U_{B2} 增加，I_{B2} 和 I_{E2} 增加，I_{B1} 和 I_{C1} 增加，U_{CE1} 降低，从而使得输出电压 U_o 增加，达到稳定输出电压的目的。

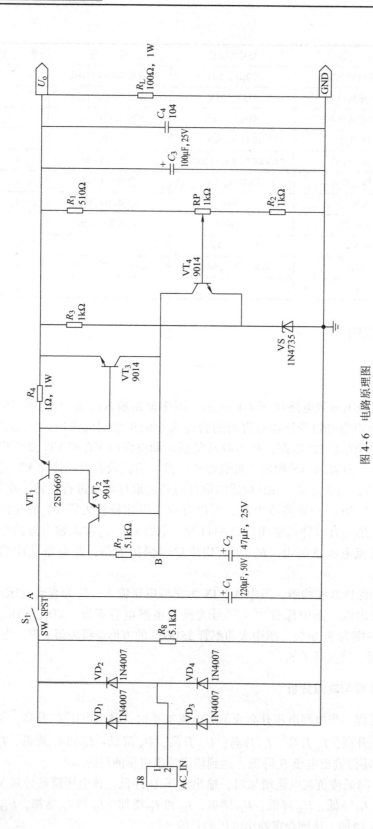

图 4-6 电路原理图

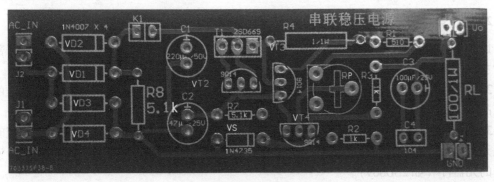

图 4-7 PCB

（2）输出电压调整范围　当可调电位器 RP 调至上半部分为 0，下半部分为 1kΩ 时输出电压最小，即

$$U_{o\min} = \frac{R_1 + RP + R_2}{R_2 + RP}(U_{VS} + U_{BE4}) \approx 8.6V \tag{4-1}$$

当可调电位器 RP 调至上半部分为 1kΩ，下半部分为 0 时输出电压最大，即

$$U_{o\max} = \frac{R_1 + RP + R_3}{R_2}(U_{VS} + U_{BE4}) \approx 17.25V \tag{4-2}$$

（3）过电流保护　查找 VT_3（9014）的基极和发射极间饱和电压 $U_{BES} = 1V$，当流过 R_4 达到 1A 时，$U_{BE3} = U_{R4} = 1V$，VT_3 进入饱和状态，$U_{E3} \approx U_{C3}$，使得 U_{B3} 下降，VT_1、VT_2 截止，输出电压下降，输出电流下降。故障排除后，电路自动恢复工作。

（4）A 点开路故障　全桥整流输出波形应该为全波的脉动波形，加上电容 C_1 滤波后波形变成纹波较大的直流电压。拔出短接帽 K_1，模拟电容 C_1 断路和后续电路开路故障，所以 A 点波形应该全波的脉动波形。电阻 R_8 是测试用电阻，当电容断路故障时，R_8 充当负载，保障整流电路具有闭合回路。

四、安装与调试步骤

1. 安装前的准备工作

1）按照表 4-5 所示的元器件清单，领取并清理元器件。

2）选择恰当的装调工具、仪器和设备，并列出详细清单，填入表 4-6 中。

表 4-6　装调工具、仪器和设备清单

序号	名　称	型号/规格	数量	备注

2. 电路安装

1）元器件检测：使用万用表对元器件进行检测，具体检测方法请参考本书的第二部分的"技能实训一"和"技能实训二"。

2）元器件安装：在提供的 PCB 上装配电路，且装配工艺符合 IPC－A－610D 标准的二级产品等级要求。装配图中的 J_1、J_2、J_3、J_4、K_1 使用排针，作为本产品的接线端子。

3）装配注意事项：装配时请注意极性电容、二极管、晶体管等器件的极性；装配时请按照元器件的高低，按照层次进行焊接，先安装最低的元器件（如电阻、二极管），后安装最高的元器件（如 2SD669）。

3. 电路调试

1）调试前，请参考"综合实训一"的相关内容，在图 4-8 中绘制电路与仪器仪表的接线示意图。

图 4-8　测试接线示意图

2）参数测试。通过变压器在输入端（AC_IN）接入 15V 左右的交流电压，调节电位器，利用合适的仪器按照以下要求测试本产品的参数。

A 点故障检测：断开开关 S_1（即取消短接帽 K_1），利用示波器测量 A 点波形，并在图 4-9 中绘制波形图。

B 点波形检测：闭合开关 S_1（即装上短接帽 K_1），利用示波器测量 B 点波形，并在图 4-10 中绘制波形图。

输出结果测试：使用万用表测量产品的输出电压范围，U_{omax} = _____ V，U_{omin} = _____ V。

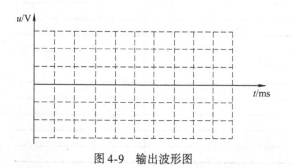

图 4-9　输出波形图

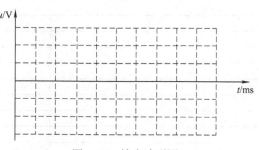

图 4-10　输出波形图

五、训练注意事项

1）使用电烙铁进行焊接操作时，一定要严格遵守使用规则，不要对自己、他人和仪器设备等造成不必要的损伤。

2）电路安装时，一定要注意极性器件的安装方向，尤其是大功率器件 2SD669 的极性。

3）电路安装好后进行通电前的检测，检查电路板电源有无短路、线路连接是否可靠。

六、实训报告

1）如实记录测量数据。

2）试分析：如果稳压二极管反接，输出电压范围是多少？

综合实训三　声光停电报警器的安装与调试

一、实训目的

1）通过声光停电报警器电路的结构学会光耦合器、晶体管开关电路等的典型应用。

2）能分析声光停电报警器的原理。

3）会声光停电报警器的安装、测量和调试。

4）增强专业意识，培养良好的职业道德和职业习惯。

二、实训设备与器件

1）仪器清单：数字万用表一块，线性直流稳压电源一台。

2）其他设备清单：恒温电烙铁一只，烙铁架一个，焊锡丝若干，松香一盒，声光停电报警器电路板一块，220V 家用电两孔插座一个。

3）元器件清单见表4-7。

表 4-7　声光停电报警器的元器件清单

序　号	名　　称	型号与规格	封　装	数　量	单　位
1	电阻	100kΩ，1/4W	色环直插	3	只
2	电阻	1.2kΩ，1/4W	色环直插	1	只
3	电阻	300Ω，1/4W	色环直插	1	只
4	无极性电容	0.22μF，400V	直插，脚距10mm	1	只
5	瓷片电容	0.022μF，50V	直插	1	只
6	极性电解电容	10μF，25V	直插5mm×11mm	1	只
7	整流二极管	1N4007，1A，1200V	直插 DO-41	1	只
8	发光二极管	红色	直插，φ3mm	2	只
9	晶体管	9012	直插 TO-92	1	只
10	晶体管	9013	直插 TO-92	1	只
11	光耦合器	PC817	直插 DIP-4	1	片
12	无源蜂鸣器	5V	直插	1	只
13	排针	直针间距2.54mm	直插，单排，圆头	8	针
14	PCB			1	块

三、电路原理

1. 光耦合器

光耦合器（简称光耦）是把发光器件（如发光二极管）和光敏器件（如光敏晶体管）组装在一起，通过光线实现耦合构成电-光和光-电的转换器件。光耦合器的种类比较多，图 4-11 所示为光耦合器 PC817 的原理图。当电信号送入光耦合器的输入端时，发光二极管通过电流而发光，光敏器件受到光照后产生电流，CE 导通；当输入端无信号时，发光二极管不亮，光敏晶体管截止，CE 不通。

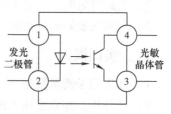

图 4-11　PC817 原理图

2. 电路组成

声光停电报警器电路如图 4-12 所示。图中，被测试信号是 220V 单相交流电。整流二极管 VD_1、C_1 构成单相半波整流滤波电路，整流滤波后的电压是约为 300V 的直流电压。R_1 对 300V 直流电压进行限流，与 LED_1 构成交流侧电压指示电路。光耦合器 PC817 对 220V 交流电进行检测（有电时，PC817 的 3、4 脚导通，否则截止），R_2 对光耦合器的发光器件进行限流保护。当有电时，发光器件发光，光敏器件饱和导通，晶体管 VT_1 的基极电压为 0.2V，VT_1、VT_2 截止，扬声器和 LED_2 失电不工作；停电时，发光器件不发光，光敏器件截止，晶体管 VT_1 的基极通过电阻 R_3 与 3V 电源相连，VT_1 饱和导通，晶体管 VT_2 基极电压为 0.2V，VT_2 饱和导通，电池电压通过 VT_2 的 E、C 接通到扬声器和 LED_2，声光报警器工作。图中，滤波电容 C_3 保证 3V 电源的稳定性，R_4 和 C_2 提高 VT_1 和 VT_2 的导通速度，延迟断开时间，可以有效保证停电时电路不受干扰而误动作。

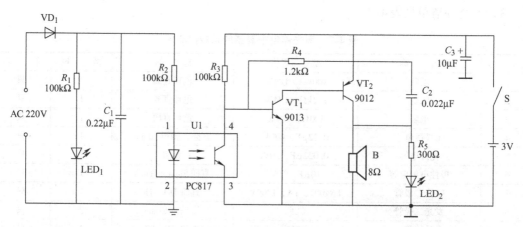

图 4-12　电路原理图

图 4-13 是安装 PCB 实物图，图中 AC 为交流电压输入，+3V 为直流电压正输入，GND 为直流电压负输入端。图中标有"＋"号为极性电解电容正极，VD_1 画有短线的一端为二极管的负极，LED_1、LED_2 画有三角形顶端的为发光二极管的负极，扬声器用蜂鸣器替代，图中采用 BELL 标注，标有"＋"号为正极，PC817 方形焊盘为第 1 脚。

图 4-13　PCB

四、安装与调试步骤

1. 安装前准备工作

1）按照表 4-7 所示的元器件清单，领取并清理元器件。

2）选择恰当的装调工具、仪器和设备，并列出详细清单，填入表 4-8 中。

表 4-8　装调工具、仪器和设备清单

序号	名　　称	型号/规格	数量	备注

2. 电路安装

1）元器件检测：使用万用表对元器件进行检测，具体检测方法请参考本书的第二部分的"技能实训一"和"技能实训二"。

2）元器件安装：在提供的 PCB 上装配电路，且装配工艺符合 IPC－A－610D 标准的二级产品等级要求。装配图中的 AC、+3V、GND 使用排针，作为本产品的接线端子。

3）装配注意事项：装配时请注意极性电容、二极管、晶体管、光耦合器等器件的极性；装配时请按照元器件的高低，按照层次进行焊接，先安装最低的元器件（如电阻、二极管），后安装最高的元器件（如蜂鸣器）。

3. 电路调试

1）调试前，请参考"综合实训一"的相关内容，在图 4-14 中绘制电路与仪器仪表的接线示意图。

图 4-14　测试接线示意图

2）参数测试。接入 3V 直流电压源，利用提供的仪表测量 VT_1 基极对参考地电压；然后在 AC 端接入 220V 交流电源，重复测量 VT_1 基极对参考地电压，把测试结果填入表 4-9 中。

表 4-9　参数测试数据表

VT_1 基极对参考地电压	有电状态	停电状态
U_{1B}/V		

五、训练注意事项

1）使用电烙铁进行焊接操作时，一定要严格遵守使用规则，不要对自己、他人和仪器设备等造成不必要的损伤。

2）电路安装时，一定要注意极性器件的安装方向。

3）电路安装好后进行通电前的检测，检查电路板电源有无短路、线路连接是否可靠。

六、实训报告

1）如实记录测量数据。

2）如果没有电容 C_1，声光停电报警电路能否正常工作？为什么？

综合实训四　开关电源电路的安装与调试

一、实训目的

1）熟悉开关电源电路的结构特点。

2）认识 MC34063 集成电路。

3）会开关电源电路的安装、测量和调试。

4）增强专业意识，培养良好的职业道德和职业习惯。

二、实训设备与器件

1）仪器清单：数字万用表一块，数字双踪示波器一台。

2）其他设备清单：恒温电烙铁一只，烙铁架1个，焊锡丝若干，松香一盒，开关电源电路板一块，220V家用电两孔插座一个。

3）元器件清单见表4-10。

表4-10　开关电源电路的元器件清单

序　号	名　　称	型号与规格	封　　装	数　　量	单　位
1	功率电阻	0.1Ω，1W	色环直插	1	只
2	整流二极管	1N4007，1A，1200V	直插 DO-41	4	只
3	肖特基二极管	1N5819，1A，40V	直插 DO-41	1	只
4	开关晶体管	13005	直插 TO-220	1	只
5	电阻	3.3kΩ，1/4W	色环直插	1	只
6	IC座	8P	DIP-8	1	只
7	电阻	2kΩ，1/4W	色环直插	1	只
8	电位器	50kΩ		1	只
9	工字电感	470μH		1	只
10	瓷片电容	0.1μF，50V	直插	2	只
11	瓷片电容	220pF，50V	直插	1	只
12	电解电容	100μF，50V	直插 8mm×12mm	1	只
13	电解电容	470μF，25V	直插 6mm×11mm	1	只
14	集成电路	MC34063	DIP-8	1	片
15	排针	直针间距2.54mm	直插，单排，圆头	10	针
16	PCB			1	块
17	功率电阻	100Ω，2W	色环直插	1	只

三、电路原理

1. MC34063 的认识

MC34063系列是包含DC-DC转换器基本功能的单片集成控制电路，具体实物和引脚图如图4-15所示。该器件的内部组成包括带温度补偿的参考电压、比较器、带限流电路的占空比控制振荡器、驱动器及大电流输出开关。该器件专用于降压、升压以及电压极性反转场合，可以减少外部元器件的使用数量，内部结构原理图如图4-16所示。

MC34063具有以下特点：

1）工作输入电压为3.0～40V。

2）低静态电流。

a) 实物   b) 引脚

图 4-15　MC34063 实物和引脚图

3）具有限流功能。

4）输出开关电流可达 1.5A。

5）输出电压可调。

6）工作频率可至 100kHz。

7）参考电压精度 2%。

8）支持无铅封装。

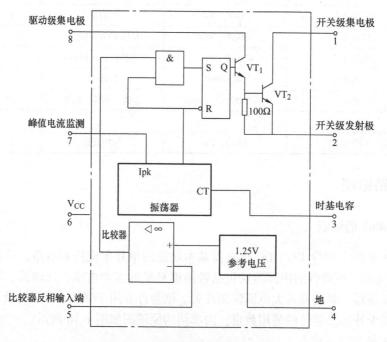

图 4-16　MC34063 内部结构原理图

MC34063 的部分极限参数见表 4-11。

表 4-11　MC34063 部分极限参数

参　　数	符　　号	数　　值	单　位
电源电压	V_{CC}	40	V
比较器输入电压范围	V_{IR}	$-0.3 \sim 40$	V
开关级集电极电压	V_C (switch)	40	V
开关级发射极电压（$V_{Pin1} = 40V$)	V_E (switch)	40	V
开关级集电极–发射极电压	V_{CE} (switch)	40	V
驱动级集电极电压	V_C (driver)	40	V
驱动级集电极电流	I_C (driver)	100	mA
开关电流	I_{SW}	1.5	A

2. 电路结构分析

图 4-17 是由 MC34063 等构成的开关稳压电源电路。图中交流电压从 POWER + 和 POWER −
端输入，一般为 220V/50Hz 市电经过变压器后得到的合适大小的正弦交流电压。整流二极
管 $VD_1 \sim VD_4$、C_1、C_2 构成桥式整流滤波电路。其中，C_1 为电解电容，滤除低频分量；C_2 为
陶瓷电容，滤除高频分量；R_1 用于检测电流。VT_1 为中等功率晶体管，作为电子开关并有扩
流的作用。电感 L_1 用于扼制交流分量，确保直流分量达到输出端。二极管 VD_5 采用肖特基二
极管，起到续流的作用，作用是当电子开关关断时，给电感上反向电压提供一个放电回路，
保证 BUCK 电路能正常工作。电阻 R_2、RP 构成取样电路，为 V_{ref} 提供比较电压，通过调整
RP 的大小，可以调整输出电压的大小。电容 C_3 和 C_4 为输出滤波电路，其中 C_3 为电解电容
滤除低频分量，C_4 为陶瓷电容，滤除高频分量。MC34063 为核心控制器件，完成峰值电流
控制、电压比较及开关控制等功能。

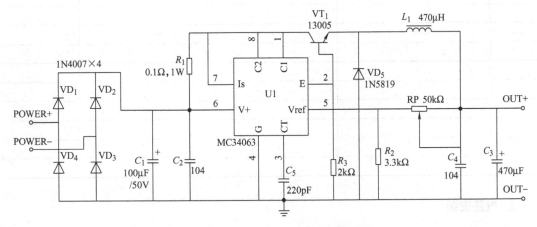

图 4-17　MC34063 开关稳压电源电路

图 4-18 是安装 PCB 实物图，图中 POWER + 、POWER − 为交流电压输入端，OUT + 为
输出电压正端，OUT − 为输出电压负端。图中标有 " + " 号为极性电解电容正极，$VD_1 \sim$
VD_5 画有短线的一端为二极管的负极。图中，MC34063 和晶体管 13005 的方形焊盘为
第 1 脚。

3. 电路原理分析

输入电压由 6 脚输入，经电流取样电阻 R_1 给芯片内部达林顿管供电，达林顿管导通时，通过 1 脚和 2 脚控制 VT_1 饱和导通工作，电源通过 VT_1 和电感 L_1 给电容 C_3 充电。达林顿管截止时，电感 L_1 两端感应电压极性变为左负右正，通过续流二极管 VD_5 给电容 C_3 补充电，而保持 C_3 电压稳定。输出电压再

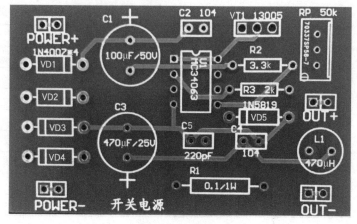

图 4-18　PCB

经反馈电阻 R_2、RP 取样反馈至芯片 5 脚（V_{ref}），经芯片内部电压比较器控制内部达林顿管的导通时间，达到稳定输出电压的目的。输出电压 $U_{out} = 1.25(1 + RP/R_2)$。

四、安装与调试步骤

1. 安装前准备工作

1）按照表 4-10 所示的元器件清单，领取并清理元器件。

2）选择恰当的装调工具、仪器和设备，并列出详细清单，填入表 4-12 中。

表 4-12　装调工具、仪器和设备清单

序号	名　　称	型号/规格	数量	备注

2. 电路安装

1）元器件检测：使用万用表对元器件进行检测，具体检测方法请参考本书的第二部分的"技能实训一"和"技能实训二"。

2）元器件安装：在提供的 PCB 上装配电路，且装配工艺符合 IPC - A - 610D 标准的二级产品等级要求。装配图中的 POWER +、POWER -、OUT +、OUT - 使用排针，作为本产品的接线端子。

3）装配注意事项：装配时请注意极性电容、二极管的极性，注意 MC34063 和 13005 的引脚顺序等；装配时请按照元器件的高低，按照层次进行焊接，先安装最低的元器件（如电阻、二极管），后安装最高的元器件（如 13005）。

3. 电路调试

1）调试前，请参考"综合实训一"的相关内容，在图 4-19 中绘制电路与仪器仪表的接线示意图。

图 4-19　测试接线示意图

2）参数测试。通过变压器，在 POWER + 、POWER − 接入 15V 左右的交流电压，调节电位器，利用仪表测量本稳压电源的参数：

① 空载状态下，测量输出电压范围：U_{OUTmax} = _____ V，U_{OUTmin} = _____ V。

② 输出端加 100Ω 电阻，调节电位器 RP，使得输出电压为 8V，测量电源的纹波电压 = _____ mV。

五、训练注意事项

1）使用电烙铁进行焊接操作时，一定要严格遵守使用规则，不要对自己、他人和仪器设备等造成不必要的损伤。

2）电路安装时，一定要注意极性器件的安装方向。

3）电路安装好后进行通电前的检测，检查电路板电源有无短路、线路连接是否可靠。

六、实训报告

1）如实记录测量数据。

2）请讨论图中电感 L_1 的参数与输出电流之间的关系。

综合实训五　电源欠电压过电压报警器的安装与调试

一．实训目的

1）熟悉 CW7805、74LS00 以及整流桥堆的引脚排序。

2）掌握各芯片的逻辑功能及使用方法。

3）学会电源欠电压过电压报警器电路的安装、测量和调试。

4）增强专业意识，培养良好的职业道德和职业习惯。

二、实训设备与器件

1）仪器清单：数字万用表一块。

2）其他设备清单：恒温电烙铁一只，烙铁架一个，焊锡丝若干，松香一盒，电源欠电压过电压报警器电路板一块。

3）元器件清单见表4-13。

表4-13　电源欠电压过电压报警器的元器件清单

序　号	名　　称	型号与规格	封　装	数　量	单　位
1	电阻	1kΩ, 1/4W	色环直插	2	只
2	电阻	10kΩ, 1/4W	色环直插	1	只
3	电阻	100Ω, 1W	色环直插	1	只
4	蓝白电位器	47kΩ, 50k	蓝白	2	只
5	电容	220μF, 25V	直插 8mm×12mm	1	只
6	电容	47μF, 25V	直插 6mm×11mm	2	只
7	电容	223	直插	1	只
8	晶体管	9014	直插 TO-92	1	只
9	桥堆	2W10	WOM	1	只
10	发光二极管	红色	直插 3mm	1	只
11	三端集成稳压器	CW7805	TO-220	1	只
12	集成芯片	74LS00	TO-92	1	只
13	无源蜂鸣器	5V		1	只
14	排针	直针间距2.54mm	直插、单排、圆头	8	针
15	PCB			1	块

三、电路原理

1. CW7805 的认识

CW7805 是三端集成稳压器，用于电源电路中的稳压，它有三个引脚，分别是输入端、输出端和接地端。CW7805 的实物图和引脚排列图如图4-20所示。常见的三端稳压器电路有正电压输出 78×× 系列和负电压输出的 79×× 系列。其 IC 型号中 78 或 79 后面的数字表示三端集成稳压器的输出电压，7805 表示输出电压为 +5V。由该系列三端集成稳压器等组成的稳压电源外围元器件极少，电路内部还有过电流、过热和调整管的保护电路，使用起来方便、可靠，而且价格低廉，在电子制作中经常使用。

2. 桥堆 2W10 的认识

2W10 是用于全波整流的全桥堆，是将整流二极管封装在一个壳内，共有四个引脚，其

1. 输入
2. 地
3. 输出

78××

a) CW7805 实物图　　　b) CW7805 引脚排列图

图 4-20　CW7805 实物与引脚排列图

中标有"~"符号的两个引脚为交流电源输入端，另外两个引脚为整流输出端，标有"+"的引脚为正输出，标有"－"的引脚为负输出，实物图如图 4-21 所示。2W10 的正向电流为 2A，反向耐压为 1000V，反向漏电流为 10μA，正向压降为 1.1V，封装窗体顶端为圆形。

3. 无源蜂鸣器的认识

无源蜂鸣器是利用电磁感应现象，为音圈接入交变电流后形成的电磁铁与永磁铁相吸或相斥而推动振膜发声。无源蜂鸣器内部不带振动源，接入直流电只能持续推动振膜而无法产生声音，只有接通电源或者断开电源时才有声音，因此，需要有外部振荡电路产生正弦波或者方波才能使蜂鸣器发声。与有源蜂鸣器相比，具有价格低、声音频率可控等特点。图 4-22 为无源蜂鸣器的实物图。

图 4-21　桥堆 2W10 实物图　　　　图 4-22　无源蜂鸣器实物图

4. 电路组成

图 4-23 为电源欠电压过电压报警器电路原理图，其中桥堆 2W10、C_1、C_2、R_1、C_4、U_2 构成 +5V 直流稳压电路，RP_1、U_{1A} 实现过电压检测，RP_2、U_{1B} 实现欠电压检测，U_{1C}、U_{1D}、U_3、C_3、VT_1、R_4、R_2、LED 等实现声光报警。

电路的工作过程如下：当输入电压正常时，U_{1A} 输出高电平，U_{1B} 输出低电平，发光二极管 LED 及振荡发声电路 U_{1C}、U_{1D} 和扬声器（蜂鸣器）不工作；当电压高于 250V 或者低于 180V 时，U_{1B} 输出高电平，发光二极管发光，U_{1D} 输出高电平，振荡发声电路工作，发出鸣叫声。

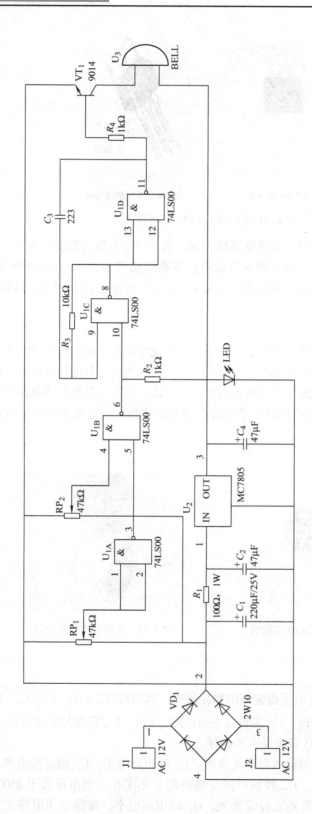

图 4 - 23 电源欠电压过电压报警器电路原理图

图 4-24 是安装 PCB 实物图，图中 AC – 和 AC + 分别为变压器降压输出端，要求变压器降压输出为 12V。图中标有 " + " 号为极性电解电容正极，U_1 画有缺口的一端为 74LS00 正向放置标识符，U_2 的方形插孔为 7805 的第 1 脚。

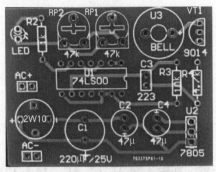

图 4-24　电源欠电压过电压报警器 PCB

四、安装与调试步骤

1. 安装前的准备工作

1）按照表 4-13 所示的元器件清单，领取并清理元器件。

2）选择恰当的装调工具、仪器和设备，并列出详细清单，填入表 4-14 中。

表 4-14　装调工具、仪器和设备清单

序号	名　　称	型号/规格	数量	备注

2. 电路安装

1）元器件检测：使用万用表对元器件进行检测，具体检测方法请参考本书的第二部分的 "技能实训一" 和 "技能实训二"。

2）元器件安装：在提供的 PCB 上装配电路，且装配工艺符合 IPC – A – 610D 标准的二级产品等级要求。原理图中的 AC + 、AC – 使用排针，作为本产品的接线端子。

3）装配注意事项：装配时请注意极性电容、二极管的极性等；装配时请按照元器件的高低，按照层次进行焊接，先安装最低的元器件（如电阻、二极管），后安装最高的元器件（如极性电容、蜂鸣器、三端集成稳压器等）。

3. 电路调试

1）调试前，请在图 4-25 中绘制电路与仪器仪表的接线示意图。

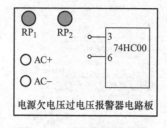

图 4-25　测试接线示意图

2）电路调试。通过调压器，在输入端 AC ＋、AC － 接入 12V 左右的交流电，分别调节电位器 RP_1、RP_2 和调压器，使输入电压低于 9.6V 或高于 14.4V 时，蜂鸣器报警。

五、训练注意事项

1）使用电烙铁进行焊接操作时，一定要严格遵守使用规则，不要对自己、他人和仪器设备等造成不必要的损伤。

2）电路安装时，一定要注意极性器件的安装方向。

3）电路安装好后进行通电前的检测，检查电路板电源有无短路、线路连接是否可靠。

六、实训报告

1）如实记录测量数据。

2）图中的过电压和欠电压采用 74LS00 实现检测，试讨论使用运算放大器是否可以实现检测，如果可以，设计其检测电路。

综合实训六　数显逻辑笔的安装与调试

一、实训目的

1）熟悉 CD4511、数码管的引脚排序。

2）掌握各芯片的逻辑功能及使用方法。

3）熟悉 CD4511 与数码管电路的组成及工作原理。

4）会数显逻辑笔电路的安装、测量和调试。

5）增强专业意识，培养良好的职业道德和职业习惯。

二、实训设备与器件

1）仪器清单：数字万用表一块，线性直流稳压电源一台。

2）其他设备清单：恒温电烙铁一只，烙铁架一个，焊锡丝若干，松香一盒，数显逻辑笔电路板一块。

3）元器件清单见表 4-15。

表 4-15　数显逻辑笔电路的元器件清单

序　号	名　称	型号与规格	封　装	数　量	单　位
1	电阻	10kΩ, 1/4W	色环直插	1	只
2	电阻	2kΩ, 1/4W	色环直插	1	只
3	电阻	1MΩ, 1/4W	色环直插	2	只
4	电阻	120kΩ, 1/4W	色环直插	1	只
5	电阻	1kΩ, 1/4W	色环直插	1	只
6	电阻	510Ω, 1/4W	色环直插	1	只
7	电容	0.047μF, 50V	直插	1	只
8	电容	10μF	直插	1	只
9	电容	200pF	直插	1	只
10	二极管	1N4148	直插 DO-41	1	只
11	发光二极管	红色	直插 3mm	1	只
12	晶体管	9014	直插 TO-92	1	只
13	集成电路	CD4511	TO-92	1	块
14	数码管	0.5in1 位共阴极		1	只
15	排针	直针间距 2.54mm	直插、单排、圆头	8	针
16	PCB			1	块

三、电路原理

1. CD4511 的认识

CD4511 是一个用于驱动共阴极 LED 数码管显示器的 BCD 码–七段译码显示驱动器，其引脚排列图如图 4-26 所示。

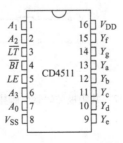

图 4-26　CD4511 引脚排列图

CD4511 引脚功能介绍：

$\overline{BI}$：4 脚是消隐输入控制端，当 $\overline{BI}=0$ 时，不管其他输入端状态是怎么样的，七段数码管都会处于消隐也就是不显示的状态。

LE：5 脚是锁定控制端，当 $LE=0$ 时，允许译码输出；当 $LE=1$ 时，译码器是锁定保持状态，译码器输出被保持在 $LE=0$ 时的数值。

$\overline{LT}$：3 脚是测试信号的输入端，当 $\overline{BI}=1$、$\overline{LT}=0$ 时，译码输出全为 1，不管输入 A_1、A_2、A_3、A_4 状态如何，七段均发亮全部显示。它主要用来检测数七段数码管是否有物理损坏。

A_1、A_2、A_3、A_4：为 8421BCD 码输入端。

Y_a、Y_b、Y_c、Y_d、Y_e、Y_f、Y_g：为译码输出端，输出为高电平 1 有效。

V_{SS}：8 脚是接地端。

V_{DD}：16 脚是电源端。

2. 数码管

按发光二极管单元连接方式分为共阳极数码管和共阴极数码管。共阳极数码管是指将所有发光二极管的阳极接到一起形成公共阳极（COM）的数码管，共阳极数码管在应用时应将公共阳极（COM）接到高电平，当某一字段发光二极管的阴极为低电平时，相应字段就点亮，当某一字段的阴极为高电平时，相应字段就不亮。共阴极数码管是指将所有发光二极管的阴极接到一起形成公共阴极（COM）的数码管，共阴极数码管在应用时应将公共阴极（COM）接到低电平，当某一字段发光二极管的阳极为高电平时，相应字段就点亮，当某一字段的阳极为低电平时，相应字段就不亮。共阴极数码管引脚排列图如图 4-27 所示。

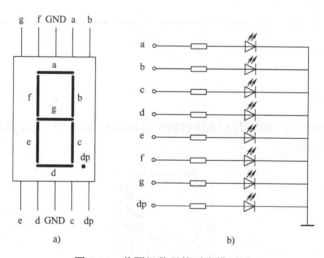

图 4-27　共阴极数码管引脚排列图

3. 电路组成

图 4-28 为数显逻辑笔电路原理图，整个电路主要由晶体管 VT_1、二极管 VD_1、CD4511、LED 数码管等元器件组成。

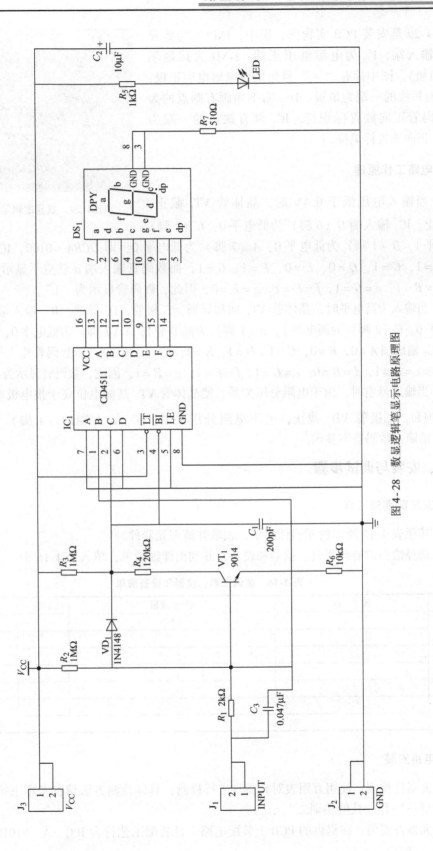

图 4 - 28　数显逻辑笔显示电路原理图

图 4-29 是安装 PCB 实物图，图中，INPUT 为数显逻辑笔输入端，V_{CC} 为电源电压正端，GND 为接地端（电源负极）。图中标有 "+" 号为极性电解电容正极，VD_1 画有短线的一端为负极，DS_1 右下角画有圆点的为 LED 数码管正向放置标识符，IC_1 画有缺口的一端为 CD4511 正向放置标识符。

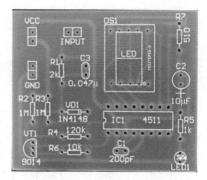

图 4-29　数显逻辑笔 PCB

4. 电路工作原理

1）当输入电压低于 0.4V 时，晶体管 VT_1 截止，VD_1 截止。IC_1 输入端 D（6 脚）为低电平 0，C（2 脚）为高电平 1，B（1 脚）为低电平 0，A（7 脚）为低电平 0，即 $DCBA=0100$，IC_1 输出端 $A=0$，$B=1$，$C=1$，$D=0$，$E=0$，$F=1$，$G=1$，而数码管输入端 a 悬空不显示，$b=c=D=0$，$d=B=1$，$e=G=1$，$f=F=1$，$g=E=0$，因此，数码管显示为 "L"。

2）当输入为高电平时，晶体管 VT_1 饱和导通，二极管 VD_1 导通。IC_1 输入端 D（6 脚）为低电平 0，C（2 脚）为高电平 1，B（1 脚）为高电平 1，A（7 脚）为低电平 0，即 $DCBA=0110$；IC_1 输出端 $A=0$，$B=0$，$C=1$，$D=1$，$E=1$，$F=1$，$G=1$，而数码管输入端 a 悬空不显示，$b=c=D=1$，$d=B=0$，$e=G=1$，$f=F=1$，$g=E=1$，因此，数码管显示为 "H"。

3）当输入悬空时，由于电阻分压关系，使晶体管 VT_1 基极电位高于集电极电位，晶体管 VT_1 饱和，二极管 VD_1 截止，由于电阻分压关系，IC_1 输入端 $\overline{BI}$（4 脚）为低电平，CD4511 消隐，数码管不显示。

四、安装与调试步骤

1. 安装前准备工作

1）按照表 4-15 所示的元器件清单，领取并清理元器件。

2）选择恰当的装调工具、仪器和设备，并列出详细清单，填入表 4-16 中。

表 4-16　装调工具、仪器和设备清单

序号	名　称	型号/规格	数量	备注

2. 电路安装

1）元器件检测：使用万用表对元器件进行检测，具体检测方法请参考本书第二部分的"技能实训一"和"技能实训二"。

2）元器件安装：在提供的 PCB 上装配电路，且装配工艺符合 IPC－A－610D 标准的二级产品等级要求。原理图中的 INPUT、V_{CC}、GND 使用排针，作为本产品的接线端子。

3）装配注意事项：装配时请注意极性电容、二极管的极性等；装配时请按照元器件的高低，按照层次进行焊接，先安装最低的元器件（如电阻、二极管），后安装最高的元器件（如极性电容、LED 数码管）。

3. 电路调试

1）调试前，请在图 4-30 中绘制电路与仪器仪表的接线示意图。

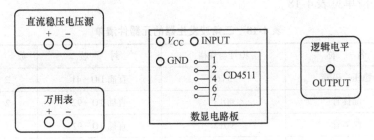

图 4-30　测试接线示意图

2）参数测试。接入 5V 直流电源，根据输入信号的不同状态，利用提供的仪表测量相应点的电压，完成表 4-17。

表 4-17　数显逻辑笔参数测量数据表

INPUT	U_{1-7}/V	U_{1-1}/V	U_{1-2}/V	U_{1-6}/V	U_{1-4}/V	输出状态
悬空						
5V						
0V						

五、训练注意事项

1）使用电烙铁进行焊接操作时，一定要严格遵守使用规则，不要对自己、他人和仪器设备等造成不必要的损伤。

2）电路安装时，一定要注意极性器件的安装方向。

3）电路安装好后进行通电前的检测，检查电路板电源有无短路、线路连接是否可靠。

六、实训报告

1）如实记录测量数据。

2）请思考电容 C_3 的作用。如果 C_3 短路，会发生什么现象？

综合实训七　三角波发生器的安装与调试

一、实训目的

1）熟悉 555 定时器及其应用电路。

2）熟悉多谐振荡器的电路结构和特点。

3）学会三角波发生器电路的安装、测量和调试。

4）增强专业意识，培养良好的职业道德和职业习惯。

二、实训设备与器件

1）仪器清单：数字万用表一块，双踪数字示波器一台，线性直流稳压电源一台。

2）其他设备清单：恒温电烙铁一只，烙铁架一个，焊锡丝若干，松香一盒，三角波发生器电路板一块。

3）元器件清单见表4-18。

表4-18　三角波发生器的元器件清单

序　号	名　称	型号与规格	封　装	数　量	单　位
1	稳压二极管	3V6	直插 DO－41	2	只
2	晶体管	9013	直插 TO－92	2	只
3	晶体管	9012	直插 TO－92	1	只
4	集成电路	NE555	直插 TO－92	1	只
5	精密电位器	5kΩ	3296W	1	只
6	电阻	4.7kΩ，1/4W	色环直插	4	只
7	电阻	2.2kΩ，1/4W	色环直插	1	只
8	电容	0.1μF	直插	1	只
9	电容	0.01μF	直插	2	只
10	二极管	1N4148	直插 DO－41	2	只
11	排针	直针间距2.54mm	直插、单排、圆头	3	针
12	PCB			1	块
13	短接帽	开口2.54mm		1	片

三、电路原理

1. NE555 的认识

NE555 时基电路为一种数模混合型的中规模集成电路，可产生精准的时间延迟和振荡，由于内部有 3 个 5kΩ 的电阻分压器，故称为"555 定时器"。它可以提供与 TTL 及 CMOS 数字电路兼容的接口电平。555 定时器的实物图和引脚排列图如图4-31所示，图4-32给出了其内部结构图。

a) 实物图

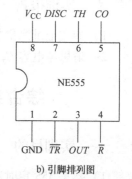

b) 引脚排列图

图 4-31　NE555 实物和引脚排列图

各引脚功能介绍如下：

1 脚：GND 接地。

2 脚：$\overline{TR}$ 触发输入端。

3 脚：OUT 输出端。

4 脚：$\overline{R}_D$ 复位端。

5 脚：CO 控制端。

6 脚：TH 触发输入端。

7 脚：DISC 放电端。

8 脚：V_{CC} 正电源电压端，标准

电压范围为 4.6～16V。

逻辑功能表见表 4-19。

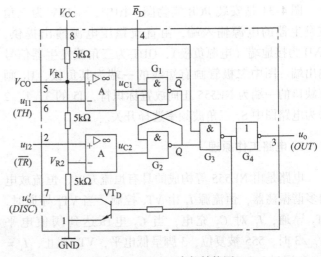

图 4-32 NE555 内部结构图

表 4-19 555 定时器的逻辑功能表

输入			输出	
复位（$\overline{R}_D$）	阈值输入（TH）	阈值输入（$\overline{TR}$）	输出（OUT）	放电端（DISC）
0	×	×	0	导通
1	$< (2/3)V_{CC}$	$< (1/3)V_{CC}$	1	截止
1	$> (2/3)V_{CC}$	$< (1/3)V_{CC}$	0	导通
1	$< (2/3)V_{CC}$	$> (1/3)V_{CC}$	不变	不变

2. 电路组成

图 4-33 为三角波发生器电路原理图，整个电路主要由 NE555 定时器 U_1，晶体管 VT_1、VT_2、VT_3，电位器 RP_1，二极管 VD_1、VD_2，稳压二极管 VS_1、VS_2 等元器件组成。

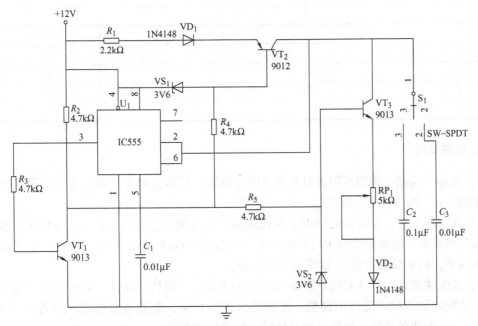

图 4-33 三角波发生器电路

图 4-34 是安装 PCB 实物图，图中， + 12V 为三角波发生器的电源输入端，由直流稳压电源输出提供，GND 为接地端（电源负极），OUT 为三角波发生器信号输出端。图中二极管画有短线的一端为其负极，U_1 画有缺口的一端为 NE555 正向放置标识符，J5 的 3、1、2 脚为电路图中 S_1 三角波频率选择开关。

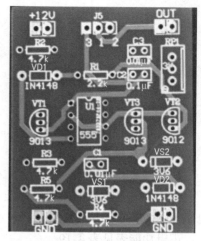

图 4-34　三角波发生器 PCB

3. 电路工作原理

电路是由 NE555 等构成的具有恒流充电、恒流放电的多谐振荡器，恒流源 I_1 由 VT$_1$ 控制。当 VT$_1$ 导通时，VT$_2$ 导通，I_1 对 C_2 充电，当 C_2 电压达到阈值电平 $2V_{CC}/3$ 时，555 被复位，3 脚呈低电平，VT$_1$ 截止，I_1 = 0，C_2 通过 VT$_3$、RP$_1$、VD$_2$ 放电，当放至触发电平 $V_{CC}/3$ 时，555 又被置位，输出高电平，开始第二周期的充电。

四、安装与调试步骤

1. 安装前准备工作

1）按照表 4-18 所示的元器件清单，领取并清理元器件。

2）选择恰当的装调工具、仪器和设备，并列出详细清单，填入表 4-20 中。

表 4-20　装调工具、仪器和设备清单

序号	名　　称	型号/规格	数量	备注

2. 电路安装

1）元器件检测：使用万用表对元器件进行检测，具体检测方法请参考本书第二部分的"技能实训一"和"技能实训二"。

2）元器件安装：在提供的 PCB 上装配电路，且装配工艺符合 IPC－A－610D 标准的二级产品等级要求。原理图中的 + 12V 电源端、GND 端、OUT 端和 J5 使用排针，作为本产品的接线端子，用短接帽来做 J5 接线端子的连通。

3）装配注意事项：装配时请注意 NE555 的方向、二极管的极性、晶体管的管脚排列方向等；装配时请按照元器件的高低，按照层次进行焊接，先安装最低的元器件（如电阻、二极管），后安装最高的元器件（如晶体管、精密电位器等）。

3. 电路调试

1）调试前，请在图 4-35 中绘制电路与仪器仪表的接线示意图。

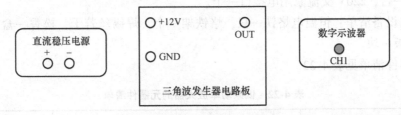

图 4-35 测试接线示意图

2）电路调试。电路接入 12V 直流电源，调节电位器，使电路输出对称三角波，并利用示波器分别测试开关 1、3 脚连接，2、4 脚连接时，输出三角波的周期 T 与峰–峰值 V_{pp}，填入表 4-21。

表 4-21 三角波发生器参数测量数据表

名　　称	开关 1、3 脚连接	开关 1、2 脚连接
周期 T/ms		
峰–峰值 V_{p-p}/V		

五、训练注意事项

1）使用电烙铁进行焊接操作时，一定要严格遵守使用规则，不要对自己、他人和仪器设备等造成不必要的损伤。

2）电路安装时，一定要注意极性器件的安装方向。

3）电路安装好后进行通电前的检测，检查电路板电源有无短路、线路连接是否可靠。

六、实训报告

1）如实记录测量数据。

2）讨论调试过程中遇到的问题。

综合实训八　简易低频功率放大器的安装与调试

一、实训目的

1）熟悉低频功率放大器的结构。

2）能分析低频功率放大器各级电路的原理。

3）会对各级电路分别进行安装、测量和调试。

4）会对多级电路进行组装与联调。

5）能简单表述一个电子产品的生产过程。

6）增强专业意识，培养良好的职业道德和职业习惯。

二、实训设备与器件

1）仪器清单：数字万用表一块，双踪数字示波器一台，函数信号发生器一台，线性直流稳压电源一台，220V 交流家用电接口一个。

2）其他设备清单：恒温电烙铁一只，烙铁架一个，焊锡丝若干，松香一盒，低频功率放大器电路板一块。

3）元器件清单见表 4-22。

表 4-22　低频功率放大器的元器件清单

序号	名　称	型号与规格	封　装	数　量	单　位
1	电阻	5.6kΩ, 1/4W	色环直插	2	只
2	电阻	2kΩ, 1/4W	色环直插	5	只
3	电阻	22kΩ, 1/4W	色环直插	2	只
4	电阻	1kΩ, 1/4W	色环直插	1	只
5	电阻	3kΩ, 1/4W	色环直插	1	只
6	可调电位器	蓝色, 20kΩ, 顶调	直插 3296W	1	只
7	可调电位器	蓝色, 5kΩ, 顶调	直插 3296W	1	只
8	可调电位器	蓝色, 1MΩ, 顶调	直插 3296W	1	只
9	电解电容	10μF, 25V	直插 5mm×11mm	5	只
10	电解电容	220μF, 25V	直插 6mm×11mm	6	只
11	瓷片电容	0.1μF, 50V	直插	4	只
12	整流二极管	1N4007	直插 DO-41	4	只
13	发光二极管	红色	直插, 短脚 3mm	1	只
14	三端稳压器	L7812CV	直插 TO-220	1	只
15	三端稳压器	L7912CV	直插 TO-220	1	只
16	CMOS 管	IRF9530N	直插 TO-220	1	只
17	CMOS 管	IRF530N	直插 TO-220	1	只
18	晶体管	9013	直插 TO-92	1	只
19	集成运放	LM358	双列直插 DIP-8	1	片
20	音频插头	双声道	3.5mm, 四节	1	只
21	排针	直针间距 2.54mm	直插, 单排, 圆头	12	针
22	扬声器	永磁铁	10W, 4Ω 低音扬声器	1	只
23	PCB			1	块

三、电路原理

本实训电路的原理框图如图 4-36 所示，电路由直流稳压电源、共发射极放大电路、比例运算放大电路及功率放大电路四大部分构成。共发射极放大电路、比例运算放大电路对以电信号形式存储的声音信号进行幅度放大，功率放大电路对放大后的声音电信号进行电流放大，推动负载扬声器发出声音信号，直流稳压电源为系统提供±12V的电压源。

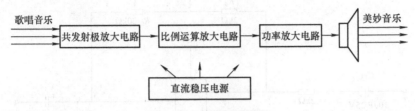

图 4-36　电路原理框图

图 4-37 是线性直流稳压电源的电路图，图中 T_1 为 220V 转 ±12V 的变压器，VD_1、VD_2 构成正电源的全波整流电路，VD_3、VD_4 构成负电源的全波整流电路，$C_1 \sim C_8$ 为滤波电容，U_1、U_2 为三端稳压器，R_{15}、LED 为正电源指示。

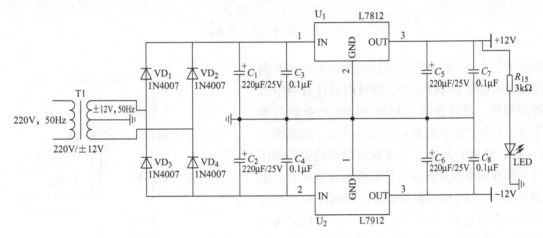

图 4-37　直流稳压电源

图 4-38 是共发射极放大电路，待处理信号从图中 u_{1i} 输入。调节 R_1 可以改变 B、C、E 点三点的对地电压，改变晶体管 9013 的工作状态，为了保证 9013 工作在线性放大状态，且具有最大的输出动态范围，一般需要调节 R_1 使得 C 点对地电压约为 6V。

图 4-39 是比例运算放大电路，图中的 u_{2i} 来自图 4-37 中的 u_{1o}。调节 R_6 可以改变电压增益，可调节范围是 1～11 倍，调节 R_9 保证 A_1 偏置在 0 点和静态输出电压为 0V，确保得到最大动态输出范围。

图 4-40 为甲乙类功率放大电路，

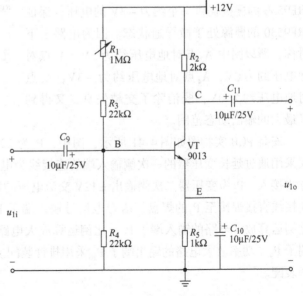

图 4-38　共发射极放大电路

145

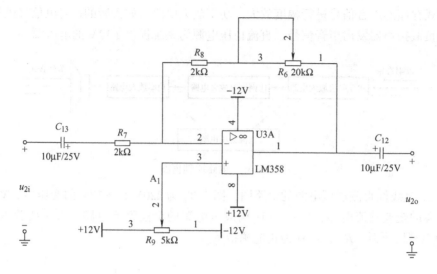

图 4-39　比例运算放大电路

核心器件是 N 沟道场效应晶体管 IRF530 和 P 沟道场效应晶体管 IRF9530，场效应晶体管为电压控制器件，通过查找 IRF530 和 IRF9530 的数据手册，可知它们的栅源门限电压 $V_{\text{GS(th)}}$ 的范围是 2～4V，典型值为 3V，为了保证两个场效应晶体管工作在功率放大状态，且不存在交越失真，必须采用 R_{10}、R_{11} 构成偏置电路，为 IRF530 的栅极提供一个约为 3V 的电压，保证 IRF530 的栅源处于微导通状态，R_{12}、R_{13} 构成偏置电路，为 IRF9530 的栅极提供一个约为 –3V 的电压，保证 IRF9530 的栅源处于微导通状态。因为电路上下对称，所以图中 A_2 点对地电压约为 3V，A_3 点对地电压约为 0V，A_4 点对地电压约为 –3V，A_5 点对地电压约为 0V，既消除了交越失真，又得到了最大的输出动态范围。

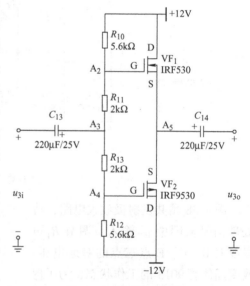

图 4-40　功率放大电路

　　安装 PCB 实物图如图 4-41 所示，图中，P_1 为 220V 家用电接口，考虑到用电安全，建议采用通过延长变压器的一次侧输入端的连接线为电源插头，直接与 220V 市电插座连接的方式接入。P_2 为变压器二次侧输出 ±12V 交流电压的接线端子，建议把变压器二次侧输出的连接线直接焊接至 P_2 的焊盘。语音电信号输入端子 P_4、共发射极放大电路的输出端子 P_6、比例运算放大电路的输入端子 P_7、比例运算放大电路的输出端子 P_8、功率放大电路的输入端子 P_9、功率放大电路的输出端子 P_{10} 采用排针装配。P_5 和 P_{11} 为语音插座，根据需要进行选择装配。

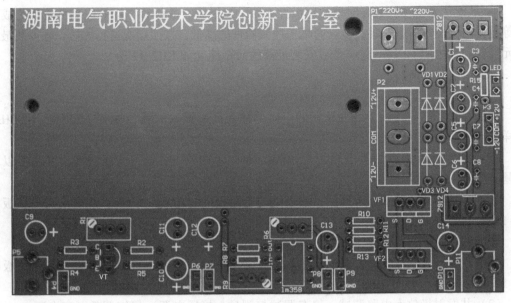

图 4-41 安装 PCB

四、安装与调试步骤

1. 安装前准备工作

1）按照表 4-22 所示的元器件清单，领取并清理元器件。

2）选择恰当的装调工具、仪器和设备，并列出详细清单，填入表 4-23 中。

表 4-23 装调工具、仪器和设备清单

序号	名 称	型号/规格	数量	备注

2. 电路安装

1）元器件检测：使用万用表对元器件进行检测，具体检测方法请参考本书第二部分的"技能实训一"和"技能实训二"。

2）元器件安装：在提供的 PCB 上装配电路，且装配工艺符合 IPC – A – 610D 标准的二级产品等级要求。

3）装配注意事项：装配时请注意极性电容、二极管、晶体管、场效应晶体管、集成电路等器件的极性和引脚顺序；装配时请按照元器件的高低，按照层次进行焊接，先安装最低的元器件（如电阻、二极管），最后安装最高的元器件（如 LM7812 等）。

3. 电路调试

（1）±12V 电源调试 给变压器的一次侧输入插头插入试验台标有"220V ~50Hz"字样的插孔中，合上开关。

① 使用数字万用表测量电路板"COM"和"+12V"之间的电压。请读者回答以下问题：

数字万用表选择直流电压档位，黑表笔与电路板的"COM"相连，红表笔与电路板的"+12V"相连，读数是_____ V。

②使用数字万用表测量"COM"和"−12V"之间的电压。请读者回答以下问题：

数字万用表选择直流电压档位，黑表笔与电路板的"COM"相连，红表笔与电路板的"+12V"相连，读数是_____ V。

（2）共发射极放大电路调试 静态调试与测量：接通电源，仔细调整可变电阻 R_1，使得晶体管 9013 的集电极 C 点对地电压为 6V 左右，用数字万用表分别测量晶体管三个极的对地电压，$U_B = $ _____ V，$U_C = $ _____ V，$U_E = $ _____ V。

放大倍数测量：使用函数信号发生器产生一个峰-峰值为 30mV、频率为 1kHz 的正弦信号，送入 P_4，使用示波器测量电压放大倍数 $A_u = $ _____，并在图 4-42 中记录输入、输出波形。

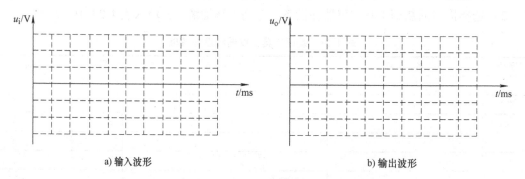

a) 输入波形　　　　　　　　　　　　　　b) 输出波形

图 4-42　共发射极放大电路输入、输出波形图

（3）比例运算放大电路调试

1）静态调试与测量：接通电源，仔细调整可变电阻 R_9，使得 A_1 偏置在 0 点，且静态输出电压为 0V。

2）放大倍数测量：使用函数信号发生器产生一个峰-峰值为 100mV、频率为 1kHz 的正弦信号，送入 P_7，使用示波器测量电压放大倍数 $A_u = $ _____，并在图 4-43 中记录输入、输出波形。

（4）功率放大电路调试

1）静态调试与测量：接通电源，使用万用表测量以下电压：$U_{A2} = $ _____ V，$U_{A3} = $ _____ V，$U_{A4} = $ _____ V，$U_{A5} = $ _____ V。

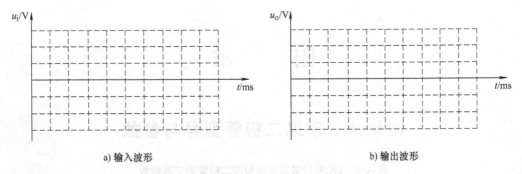

a) 输入波形　　　　　　　　　　　　　　　　　b) 输出波形

图 4-43　比例运算放大电路输入、输出波形图

2）放大倍数测量：使用函数信号发生器产生一个峰–峰值为 3V、频率为 1kHz 的正弦信号，送入 P_9，使用示波器观察输入、输出波形，并在图 4-44 中记录输入、输出波形。

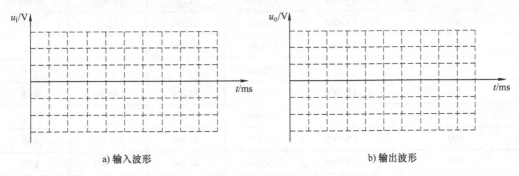

a) 输入波形　　　　　　　　　　　　　　　　　b) 输出波形

图 4-44　功率放大电路输入、输出波形图

（5）系统联调　使用短接帽把 P_6 和 P_7、P_8 和 P_9 进行短接，使用函数信号发生器产生一个峰–峰值为 10mV、频率为 1kHz 的正弦信号，送入 P_4，使用示波器观测总的电压放大倍数 $A_u =$ _____。

在 P_4 端接入手机或者计算机的音频输出，在 P_{10} 接入一个 10W，4Ω 低音扬声器，就可以享受美妙的音乐了。调节 R_6 可以改变声音的大小。

五、训练注意事项

1）使用电烙铁进行焊接操作时，一定要严格遵守使用规则，不要对自己、他人和仪器设备等造成不必要的损伤。

2）电路安装时，一定要注意极性器件的安装方向，尤其是电源芯片、场效应晶体管、集成电路等器件的极性。

3）电路安装好后进行通电前的检测，检查电路板电源有无短路、线路连接是否可靠。

六、实训报告

1）如实记录测量数据。

2）多级放大电路级联后，为什么总的放大倍数要比每一级开路下测得的放大倍数的乘积要小？

附　　录

附录 A　常见二极管型号与参数

表 A-1　1N 系列常见普通整流二极管的主要参数

反向耐压/V ＼ 正向电流/A	1	1.5	2	3	6
50	1N4001	1N5391	RL201	1N5400	6A05
100	1N4002	1N5392	RL202	1N5401	6A1
200	1N4003	1N5393	RL203	1N5402	6A2
300	—	1N5394	—	—	—
400	1N4004	1N5395	RL204	1N5404	6A3
500	—	1N5396	—	—	—
600	1N4005	1N5397	RL205	1N5406	6A4
800	1N4006	1N5398	RL206	1N5407	6A6
1000	1N4007	1N5399	RL207	1N5408	6A10

表 A-2　2AK、2CK、IN 系列开关二极管的主要参数

型　号	反向峰值工作电压 U_{RM}/V	正向峰值工作电压 I_{FRM}/mA	正向压降 U_F/V	额定功率 P/mW	反向恢复时间 T_{rr}/ns
1N4148	60	450	≤1	500	4
1N4149					
2AK1	10		≤1		≤200
2AK2	20				
2AK3	30	150			
2AK5	40		≤0.9		≤150
2AK6	50				
2CK74(A～E)	A：≥30	100		100	≤5
2CK75(A～E)	B：≥45	150	≤1	150	
2CK76(A～E)	C：≥60	200		200	≤10
2CK77(A～E)	D：≥75 E：≥90	250		250	

表 A-3 部分 2EF 系列发光二极管的型号及主要参数

型 号	工作电压 I_F/mA	正向电压 U_F/V	发光强度 I/cd	最大工作电流 I_{FM}/mA	反向耐压 U_{RM}/V	发光 颜 色
2EF401 2EF402	10	1.7	0.6	50		红
2EF411 2EF412	10	1.7	0.5 0.8	30		红
2EF441	10	1.7	0.2	40		红
2EF501 2EF502	10	1.7	0.2	40	≥7	红
2EF551	10	2	1	50		黄绿
2EF601	10	2		40		黄绿
2EF641	10	2	1.5	50		红
2EF811 2EF812	10	2	0.4	40		红
2EF841	10	2	0.8	30		黄

表 A-4 1N 系列 10V 内稳压二极管型号与主要参数

型 号	最大耗散功率/W	额定电压/V	最大工作电流/mA
1N708	0.25	5.6	40
1N709	0.25	6.2	40
1N710	0.25	6.8	36
1N711	0.25	7.5	30
1N712	0.25	8.2	30
1N713	0.25	9.1	27
1N714	0.25	10	25
1N748	0.50	3.8 ~ 4.0	125
1N752	0.50	5.2 ~ 5.7	80
1N753	0.50	5.8 ~ 6.1	80
1N754	0.5	6.3 ~ 6.8	70
1N755	0.50	7.1 ~ 7.3	65
1N757	0.50	8.9 ~ 9.3	52
1N962	0.50	9.5 ~ 11	45
1N4728	1	3.3	270
1N4729	1	3.6	252
1N4729A	1	3.6	252
1N4730A	1	3.9	234
1N4731	1	4.3	217
1N4731A	1	4.3	217

（续）

型　　号	最大耗散功率/W	额定电压/V	最大工作电流/mA
1N4732/A	1	4.7	193
1N4733/A	1	5.1	179
1N4734/A	1	5.6	162
1N4735/A	1	6.2	146
1N4736/A	1	6.8	138
1N4737/A	1	7.5	121
1N4738/A	1	8.2	110
1N4739/A	1	9.1	100
1N4740/A	1	10	91
1N5226/A	0.5	3.3	138
1N5227/A/B	0.5	3.6	126
1N5228/A/B	0.5	3.9	115
1N5229/A/B	0.5	4.3	106
1N5230/A/B	0.5	4.7	97
1N5231/A/B	0.5	5.1	89
1N5232/A/B	0.5	5.6	81
1N5233/A/B	0.5	6	76
1N5234/A/B	0.5	6.2	73
1N5235/A/B	0.5	6.8	67

附录 B　常见晶体管型号与参数

型　　号	P_{CM}/mW	I_{CM}/mA	$U_{CEO(BR)}$/V	I_{CEO}/μA	β	f_T/MHz	类　　型
3DG6C	100	20	45	≤0.01	20~200	≥250	硅、NPN
3CG14	100	−500	35		20~200	≥200	硅、PNP
3DG12B	700	300	45		20~200	≥200	硅、NPN
3CG21C	300	−500	40		20~200	≥100	硅、PNP
3DD15B	50000	5000	100		20~200		硅、NPN
9011	625	500	20~40		20~200	150	硅、NPN
9012	625	−500	20~40		20~200	150	硅、PNP
9013	625	500	20~40		20~200	150	硅、NPN
9014	625	500	20~40		20~200	150	硅、NPN
9015	625	500	20~40		20~200	150	硅、NPN
9016	625	500	20~40		20~200	150	硅、NPN
9018	625	500	20~40		20~200	150	硅、NPN
8050	1000	1500	25~40		20~200	150	硅、NPN
8550	1000	1500	25~40		20~200	150	硅、PNP
BD243C	65000	6000	100				硅、NPN

附录 C　常见集成运放型号、引脚与主要功能

表 C-1　常见集成运放分类与型号

分　类			国内型号举例	国外型号举例
通用型	单运放		CF741	LM741、A741、AD741
	双运放	单电源	CF158/258/358	LM158/258/358
		双电源	CF1558/1458	LM1558/1458、MC1558/1458
	四运放	单电源	CF124/224/324	LM124/224/324
		双电源	CF148/248/348	LM148/248/348
专用型	低功耗		CF253	PC253
			CF7611/7621/7631/7641	IC7611/7621/7641
	高精度		CF725	LM725、A725、PC725
			CF7600/7601	ICL7600/7601
	高阻抗		CF3140	CA3140
			CF351/353/354/347	LF351/353/354/347
	高速		CF2500/2502	HA2500/2501
			CF715	A715
	宽带		CF1520/1420	MC1520/1420
	高电压		CF1536/1436	MC1520/1436
	其他	跨导型	CF3080	LM3080、CA3080
		电流型	CF2900/3900	LM2900/3900
		程控型	CF4250、CF13080	LM4250、LM13080
		电压跟随器	CF110/210/310	LM110/210/310

表 C-2　单运放封装与引脚功能

型　号	封装形式	引脚及功能
F001、5G922	金属圆壳（12 脚）	1—IN－，2—IN＋，3—V－，4—COMP，5—OUT，6—V＋，7—COMP2，8—OA2，9—OA3，10—OA，11—GND，12—NC
F004、5G23	金属圆壳或双列直插式（8 脚）	1—OA2，2—IN－，3—IN＋，4—V－，5—COMP，6—OUT，7—V＋，8—OA1
CF709M、CF709C、CF1439C、CF1539m		1—COMP，2—IN－，3—IN＋，4—V－，5—COMP3，6—OUT，7—V＋，8—OA2
CF702M、CF702C		1—GND，2—IN－，3—IN＋，4—V－，5—COMP1，6—COMP2，7—OUT，8—V＋
F007、5G24	金属圆壳（8 脚）	1—OA1，2—IN－，3—IN＋，4—V－，5—OA2，6—OUT，7—V＋，8—NC

（续）

型　号	封装形式	引脚及功能
F012	金属圆壳（10 脚）	1—OA1, 2—IN－, 3—IN＋, 4—IN＋, 5—V－, 6—IBI, 7—OUT, 8—V＋, 9—COMP1, 10—COMP2
CF441、CF441A、LF441、CF351、LF351、CF741M、CF741C、LM741、μA741、μPC741、μPC151、MC1741、TL081、CA081、CF411、LF411、CF353、CF143、CF343、CF155、TL071、OPA100、NE530、NE531、NE538、LF356、LF357、μPC356、μPC357C、μPC806C、μPC807C、OP15J、OP16J、OP17J	金属圆壳或双列直插式（8 脚）	1—OA1, 2—IN－, 3—IN＋, 4—V－, 5—OA2, 6—OUT, 7—V＋, 8—NC
μA725、LM725、mPC154、NE5534、LM11、OP16J、OP17J	金属圆壳或双列直插式（8 脚）	1—OA1, 2—IN－, 3—IN＋, 4—V－, 5—NC, 6—OUT, 7—V＋, 8—OA2
OP05、OP07、OP27、OP37、OPA27、OPA37、μPC254	金属圆壳或双列直插式（8 脚）	1—OA1, 2—IN－, 3—IN＋, 4—V－, 5—NC, 6—OUT, 7—V＋, 8—OA2

表 C-3　双运放封装与引脚功能

型　号	封装形式	引脚及功能
CF158, CF258, CF358, CF353, TL082, CF442, CF442A, F1458CF4558, CF7621, LM358, LM2904, NE532, μPC1257C, μPC358LA6358, AN6561, AN6562, μPC258, PC4558, AN6552, AN6553, TLC272, NE5572, LM833, μPC4556, 5G353, 5G022, CF412, CF412A	金属圆壳或双列直插式（8 脚）	1—OUTA, 2—IN－A, 3—IN＋A, 4—V－, 5—IN＋B, 6—IN－B, 7—OUTB, 8—V＋
CF159, CF359, LF359	金属圆壳（14 脚）	1—BI_0, 2—OUTA, 3—COMPA, 4—GNDA, 5—NC, 6—IN－A, 7—IN＋A, 8—BI_1, 9—IN＋B, 10—IN－B, 11－GNDB, 12－V＋, 13－COMPB, 14－OUTB

表 C-4　四运放封装与引脚功能

型　号	封装形式	引脚及功能
F224, CF224, CF324, CF147, CF347, CF148, CF248, CF348, CF444, CF4156, CF4741, 5G6324, LM324, μPC324, TL064, TL074P, TL084, TLC274, LF347, LM2902, HA17902P, μPC451, TA75902, LA6324	金属壳或双列直插式（14 脚）	1—1OUT, 2—1IN－, 3—1IN＋, 4—V＋, 5—2IN＋, 6—2IN－, 7—2OUT, 8—3OUT, 9—3IN－, 10—3IN＋, 11—V－, 12—4IN＋, 13—4IN－, 14—OUT
CF146, CF246, CF346	金属圆壳（16 脚）	1—1OUT, 2—1IN－, 3—1IN＋, 4—V＋, 5—2IN＋, 6—2IN－, 7—2OUT, 8—$BI_{1,2,4}$, 9—BI_3, 10—3OUT, 11—3IN－, 12—3IN＋, 13—V－, 14—4IN＋, 15—4IN－, 16—4OUT

附录 D　常见集成稳压器型号与参数

类型 参数	符号	单位	三端固定 78×× 正压	三端固定 79×× 负压	三端可调 LM317 正压	三端可调 LM337 负压	大电流可调 LM318	大电流可调 LM196	正负双路 MC1468 SW1568	基准电压源（并联式）MC1403 带隙	基准电压源（并联式）LM199 稳压二极管	基准电压源（并联式）TL431 可调基准
输入电压	V_i	V	8~40	-(8~40)	3~40	-(3~40)	35	20	±30	4.5~15		
输出电压	V_o	V	5~24①	-(5~24)①	1.2~37	-(1.3~37)	1.2~32	1.2~15	±15	2.5	2.95	2.75
最小压差	$(V_i-V_o)_{min}$	V	2.5	2.5	2	2				±0.025		0.5
电压调整率	ΔV_o	mV	1~15	3~18					<10 $V_i=18\sim30\mathrm{V}$			
电压调整率	S_V	%			0.02	0.02	0.005	0.005		0.002		
电流调整率	ΔV_o	mV	12~15	12~15	20	20			<10 $I_o=0\sim50\mathrm{mA}$			
电流调整率	S_i	%			0.3	0.3	0.1	0.1		0.06		
温度系数	S_T	$10^{-6}/℃$	300	300	1% (0~75℃)	1% (0~75℃)	0.005	0.005		10	0.5~15	10
纹波抑制比	RR③	dB	53~62	60	65	80	60~75	54~74	75			
调整端电流	I_d	μA			50	65				1	1	0.3
输出阻抗	Z_o	Ω										
最小负载电流	I_{omin}	mA			3.5	3.5				1	1	0.3
输出电流	I_o	A	空(1.5)/M(0.5)/L(0.1)	空(1.5)/M(0.5)/L(0.1)	空(0.4)/M(0.25)/L(0.05)	空(0.4)/M(0.25)/L(0.05)	5	10		0.01	0.005~0.01	0.1~0.15
最大功耗	P_{max}	W	0.6~20	0.62~20	0.6~20	0.62~20	70	70				1

① 78××、79×× 输出电压档数为：±5V、±6V、±9V、±12V、±15V、±18V、±24V。

② 电流调整率 S_i：是指电流 I_o 从 0 变到最大时，输出电压的相对变化率，即 $(\Delta V_o/V_o)\times100\%$。

③ RR(Ripple Rejection)：输入纹波电压和输出电压的峰-峰值之比的分贝表示。

附录 E 模拟电子部分主要器件实物与引脚图

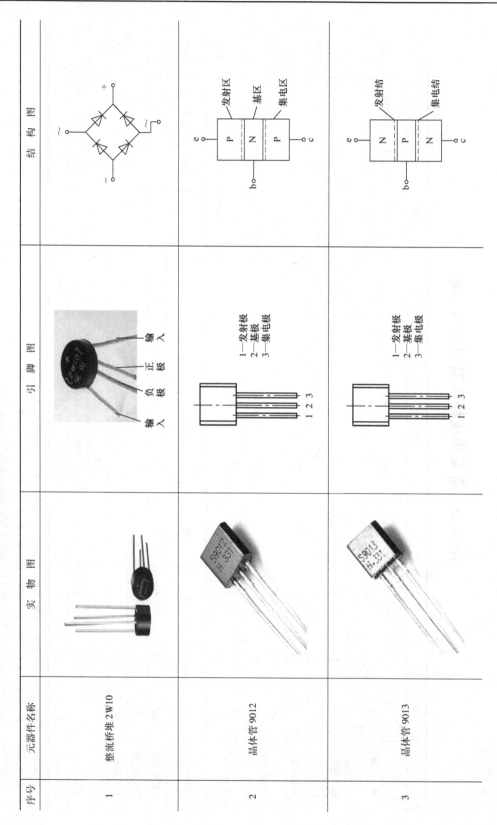

序号	元器件名称	实 物 图	引 脚 图	结 构 图
1	整流桥堆 2W10			
2	晶体管 9012		1—发射极 2—基极 3—集电极	发射区 基区 集电区
3	晶体管 9013		1—发射极 2—基极 3—集电极	发射结 集电结

序号	实物图	管脚图	结构图
4	晶体管 9014	1—发射极 2—基极 3—集电极 1 2 3	发射结 集电结 e N P N c b
5	晶体管 8050	TO—92 1—发射极 2—基极 3—集电极 1 2 3	发射结 集电结 e N P N c b
6	晶体管 8550	TO—92 1—发射极 2—基极 3—集电极 1 2 3	发射区 基区 集电区 e P N P c b
7	晶体管 3DC6	3DG6 e—发射极 b—基极 c—集电极 e b c	发射结 集电结 e P N N c b

（续）

序号	元器件名称	实 物 图	引 脚 图	结 构 图
8	晶体管 2SD669		1—发射极 2—集电极 3—基极	发射结 集电结
9	开关晶体管 13005		B—基极 C—集电极 E—发射极	发射结 集电结
10	稳压芯片 7805		OUTPUT—输出 GROUND—地 INPUT—输入	—
11	稳压芯片 7812		OUTPUT—输出 GROUND—地 INPUT—输入	—
12	稳压芯片 7912		OUTPUT—输出 GROUND—地 INPUT—输入	—

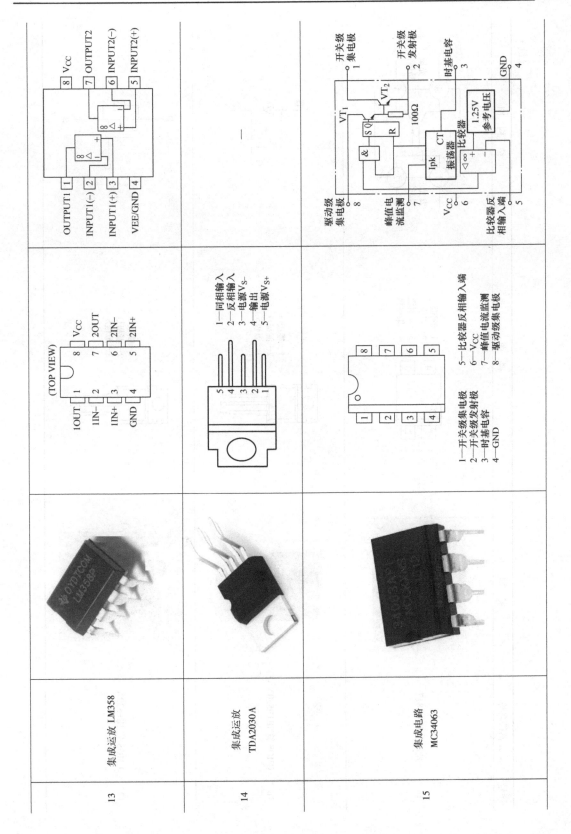

13	集成运放 LM358		
14	集成运放 TDA2030A		
15	集成电路 MC34063		

LM358:
- 1 OUTPUT1
- 2 INPUT1(−)
- 3 INPUT1(+)
- 4 VEE/GND
- 5 INPUT2(+)
- 6 INPUT2(−)
- 7 OUTPUT2
- 8 V_{CC}

(TOP VIEW)
- 1 1OUT
- 2 1IN−
- 3 1IN+
- 4 GND
- 5 2IN+
- 6 2IN−
- 7 2OUT
- 8 V_{CC}

TDA2030A:
- 1—同相输入
- 2—反相输入
- 3—电源V_{S-}
- 4—输出
- 5—电源V_{S+}

MC34063:
- 1—开关级集电极
- 2—开关级发射极
- 3—时基电容
- 4—GND
- 5—比较器反相输入端
- 6—V_{CC}
- 7—峰值电流监测
- 8—驱动级集电极

1.25V 参考电压

（续）

序号	元器件名称	实 物 图	引 脚 图	结 构 图
16	光耦合器 PC817		1—阳极 2—阴极 3—发射极 4—集电极	光敏晶体管 / 发光二极管
18	CMOS 管 IRF9530N		1—栅极G 2—漏极D 3—源极S	D S G
19	CMOS 管 IRF530N		1—栅极G 2—漏极D 3—源极S	D S G

附录 F 数字电子部分常用电路新、旧符号对照

表 F-1 集成逻辑门电路新、旧图形符号对照

名　称	新国标图形符号	旧图形符号	逻辑表达式
与门			$Y = ABC$
或门			$Y = A + B + C$
非门			$Y = \overline{A}$
与非门			$Y = \overline{ABC}$
或非门			$Y = \overline{A + B + C}$
与或非门			$Y = \overline{AB + CD}$
异或门			$Y = A\overline{B} + \overline{A}B$

表 F-2　集成触发器新、旧图形符号对照

名　称	新国标图形符号	旧图形符号	触发方式
由与非门构成的基本 RS 触发器			无时钟输入，触发器状态直接由 S 和 R 的电平控制
由或非门构成的基本 RS 触发器			
TTL 边沿型 JK 触发器			CP 脉冲下降沿
TTL 边沿型 D 触发器			CP 脉冲上升沿
CMOS 边沿型 JK 触发器			CP 脉冲上升沿
CMOS 边沿型 D 触发器			CP 脉冲上升沿

附录 G　数字电子部分主要器件引脚图与功能表

序号	型号、名称、功能	引　脚　图	功　能　表
1	四2输入与非门 功能：$Y = \overline{AB}$	V_{CC} A_4 B_4 Y_4 A_3 B_3 Y_3 14 13 12 11 10 9 8 74LS00 1 2 3 4 5 6 7 A_1 B_1 Y_1 A_2 B_2 Y_2 GND	74LS00 功能表

74LS00 功能表

输入		输出
A	B	Y
0	0	1
0	1	1
1	0	1
1	1	0

2　四2输入或非门　功能：$Y = \overline{A + B}$

引脚图：V_{CC} Y_4 B_4 A_4 Y_3 B_3 A_3 / 14 13 12 11 10 9 8 / 74LS02 / 1 2 3 4 5 6 7 / Y_1 A_1 B_1 Y_2 A_2 B_2 GND

74LS02 功能表

输入		输出
A	B	Y
0	0	1
0	1	0
1	0	0
1	1	0

3　六非门　功能：$Y = \overline{A}$

引脚图：V_{CC} $6A$ $6Y$ $5A$ $5Y$ $4A$ $4Y$ / 14 13 12 11 10 9 8 / 74LS04 / 1 2 3 4 5 6 7 / $1A$ $1Y$ $2A$ $2Y$ $3A$ $3Y$ GND

74LS04 功能表

输入	输出
A	Y
0	1
1	0

4　六反相缓冲/驱动器（OC门）　功能：$Y = \overline{A}$

引脚图：V_{CC} $6A$ $6Y$ $5A$ $5Y$ $4A$ $4Y$ / 14 13 12 11 10 9 8 / 74LS06 / 1 2 3 4 5 6 7 / $1A$ $1Y$ $2A$ $2Y$ $3A$ $3Y$ GND

74LS06 功能表

输入	输出
A	Y
0	1
1	0

5　三3输入与非门　功能：$Y = \overline{ABC}$

引脚图：V_{CC} C_1 Y_1 C_3 B_3 A_3 Y_3 / 14 13 12 11 10 9 8 / 74LS10 / 1 2 3 4 5 6 7 / A_1 B_1 A_2 B_2 C_2 Y_2 GND

74LS10 功能表

输入			输出
A	B	C	Y
×	×	0	1
×	0	×	1
0	×	×	1
1	1	1	0

注："×"为任意电平，即高电平或者低电平。

序号	型号、名称、功能	引　脚　图	功　能　表

序号 6

三3 输入与门
功能：$Y = ABC$

引脚图：

V_{CC} 1C 1Y 3C 3B 3A 3Y
14 13 12 11 10 9 8
74LS11
1 2 3 4 5 6 7
1A 1B 2A 2B 2C 2Y GND

74LS11 功能表

输入			输出
A	B	C	Y
×	×	0	0
×	0	×	0
0	×	×	0
1	1	1	1

注："×"为任意电平，即高电平或者低电平。

序号 7

六施密特非门
功能：$Y = \overline{A}$

引脚图：

V_{CC} 6A 6Y 5A 5Y 4A 4Y
14 13 12 11 10 9 8
74LS14
1 2 3 4 5 6 7
1A 1Y 2A 2Y 3A 3Y GND

74LS14 功能表

输入	输出
A	Y
0	1
1	0

序号 8

二4 输入与非门
功能：$Y = \overline{ABCD}$

引脚图：

V_{CC} D_2 C_2 NC B_2 A_2 Y_2
14 13 12 11 10 9 8
74LS20
1 2 3 4 5 6 7
A_1 B_1 NC C_1 D_1 Y_1 GND

74LS20 功能表

输入				输出
A	B	C	D	Y
×	×	×	0	1
×	×	0	×	1
×	0	×	×	1
0	×	×	×	1
1	1	1	1	0

注："×"为任意电平，即高电平或者低电平。

序号 9

四2 输入或门
功能：$Q = A + B$

引脚图：

V_{CC} 4B 4A 4Y 3B 3A 3Y
14 13 12 11 10 9 8
74LS32
1 2 3 4 5 6 7
1A 1B 1Y 2A 2B 2Y GND

74LS32 功能表

输入		输出
A	B	Y
0	0	0
0	1	1
1	0	1
1	1	1

（续）

序号	型号、名称、功能	引 脚 图	功 能 表

10 四 2 输入与非门（OC 门）功能：$Y = \overline{AB}$

引脚图：
V_{CC} 4B 4A 4Y 3B 3A 3Y
14 13 12 11 10 9 8
74LS37
1 2 3 4 5 6 7
1A 1B 1Y 2A 2B 2Y GND

74LS37 功能表

输入		输出
A	B	Y
0	0	1
0	1	1
1	0	1
1	1	0

11 四 2 输入异或门 功能：$Y = A \oplus B$

引脚图：
V_{CC} 4B 4A 4Y 3B 3A 3Y
14 13 12 11 10 9 8
74LS86
1 2 3 4 5 6 7
1A 1B 1Y 2A 2B 2Y GND

74LS86 功能表

输入		输出
A	B	Y
0	0	0
0	1	1
1	0	1
1	1	0

12 四位二进制计数器（可预置"0""9"）

引脚图：
CP_1 NC Q_A Q_D GND Q_B Q_C
14 13 12 11 10 9 8
74LS90
1 2 3 4 5 6 7
CP_2 $R_{0(1)}$ $R_{0(2)}$ NC V_{CC} $R_{9(1)}$ $R_{9(2)}$

74LS90 功能表

输入				输出			
$R_{0(1)}$	$R_{0(2)}$	$R_{9(1)}$	$R_{9(2)}$	Q_D	Q_C	Q_B	Q_A
1	1	0	×	0	0	0	0
1	1	×	0	0	0	0	0
×	×	1	1	1	0	0	1
×	0	×	0	计数			
0	×	0	×	计数			
0	×	×	0	计数			
×	0	0	×	计数			

13 双 JK 触发器

引脚图：
V_{CC} $1R_d$ $2R_d$ $2CP$ $2K$ $2J$ $2S_d$ $2Q$
16 15 14 13 12 11 10 9
74LS112
1 2 3 4 5 6 7 8
$1CP$ $1K$ $1J$ $1S_d$ $1Q$ $1\overline{Q}$ $2\overline{Q}$ GND

74LS112 功能表

输入					输出	
S_d	R_d	CP	J	K	Q	$\overline{Q}$
0	1	×	×	×	1	0
1	0	×	×	×	0	1
0	0	×	×	×	1	1
1	1	↓	0	0	保持	
1	1	↓	1	0	1	0
1	1	↓	0	1	0	1
1	1	↓	1	1	计数	
1	1	1	×	×	保持	

（续）

序号	型号、名称、功能	引 脚 图	功 能 表
14	双可再触发单稳态多谐振荡器	V_{CC} C_{EXT1} Q_1 $\overline{Q_2}$ Cr_2 B_2 A_2（R_{EXT}/C_{EXT1}） 16 15 14 13 12 11 10 9 74LS123 1 2 3 4 5 6 7 8 A_1 B_1 Cr_1 $\overline{Q_1}$ Q_2 C_{EXT2} (R_{EXT}/C_{EXT2}) GND	74LS123 功能表 <table><tr><td colspan="3">输入</td><td colspan="2">输出</td></tr><tr><td>Cr</td><td>A</td><td>B</td><td>Q</td><td>$\overline{Q}$</td></tr><tr><td>0</td><td>×</td><td>×</td><td>0</td><td>1</td></tr><tr><td>×</td><td>1</td><td>×</td><td>0</td><td>1</td></tr><tr><td>×</td><td>×</td><td>0</td><td>0</td><td>1</td></tr><tr><td>1</td><td>0</td><td>↑</td><td>⊓</td><td>⊔</td></tr><tr><td>1</td><td>↓</td><td>1</td><td>⊓</td><td>⊔</td></tr><tr><td>↑</td><td>0</td><td>1</td><td>⊓</td><td>⊔</td></tr></table>
15	四三态输出总线缓冲门 功能：当 $C=0$ 时，$Q=A$ 当 $C=1$ 时，Q 为高阻	V_{CC} C_4 A_4 Q_4 C_3 A_3 Q_3 14 13 12 11 10 9 8 74LS125 1 2 3 4 5 6 7 C_1 A_1 Q_1 C_2 A_2 Q_2 GND	
16	四三态输出总线缓冲门 功能：当 $C=1$ 时，$Q=A$ 当 $C=0$ 时，Q 为高阻	V_{CC} C_4 A_4 Q_4 C_3 A_3 Q_3 14 13 12 11 10 9 8 74LS126 1 2 3 4 5 6 7 C_1 A_1 Q_1 C_2 A_2 Q_2 GND	
17	3 线 - 8 线译码器	V_{CC} Q_0 Q_1 Q_2 Q_3 Q_4 Q_5 Q_6 16 15 14 13 12 11 10 9 74LS138 1 2 3 4 5 6 7 8 A_0 A_1 A_2 S_3 S_2 S_1 Q_7 GND	74LS138　3 线-8 线译码器的功能 当 $S_1=0$ 或 $S_2=S_3=1$ 时，$Q_0 \sim Q_7$ 均为高电平 当 $S_1=1$ 及 $S_2=S_3=1$ 时，$A_0A_1A_2$ 的八种组合状态分别在 $Q_0 \sim Q_7$ 端译码输出

（续）

序号	型号、名称、功能	引 脚 图	功 能 表
18	2 线 – 4 线译码器		见下表

74LS139 2 线–4 线译码器的功能

G	B	A	Y_0	Y_1	Y_2	Y_3
1	×	×	1	1	1	1
0	0	0	0	1	1	1
0	0	1	1	0	1	1
0	1	0	1	1	0	1
0	1	1	1	1	1	0

引脚图: V_{CC} 2G 2A 2B $2Y_0$ $2Y_1$ $2Y_2$ $2Y_3$ (16 15 14 13 12 11 10 9) 74LS139 (1 2 3 4 5 6 7 8) 1G 1A 1B $1Y_0$ $1Y_1$ $1Y_2$ $1Y_3$ GND

序号	型号、名称、功能	引 脚 图	功 能 表
19	双四选一数据选择器	见引脚图	见下表

引脚图: V_{CC} $2\overline{S}$ A_0 $2D_3$ $2D_2$ $2D_1$ $2D_0$ $2Q$ (16 15 14 13 12 11 10 9) 74LS153 (1 2 3 4 5 6 7 8) $1\overline{S}$ A_1 $1D_3$ $1D_2$ $1D_1$ $1D_0$ $1Q$ GND

74LS153 功能表

输入				输出
$\overline{S}$	A_1	A_0	D	Q
1	×	×	×	0
0	0	0	D_0	D_0
0	0	1	D_1	D_1
0	1	0	D_2	D_2
0	1	1	D_3	D_3

序号	型号、名称、功能	引 脚 图	功 能 表
20	同步可预置十进制计数器	见引脚图	见下表

引脚图: V_{CC} OC Q_A Q_B Q_C Q_D T $\overline{LD}$ (16 15 14 13 12 11 10 9) 74LS160 (1 2 3 4 5 6 7 8) $\overline{Cr}$ CP A B C D P GND

74LS160 功能表（模十）

清零	使能		置数	时钟	数据				输出			
$\overline{Cr}$	P	T	$\overline{LD}$	CP	D	C	B	A	Q_D	Q_C	Q_B	Q_A
0	×	×	×	×	×	×	×	×	0	0	0	0
1	×	×	0	↑	d	c	b	a	d	c	b	a
1	1	1	1	↑	×	×	×	×	计数			
1	0	1	1	×	×	×	×	×	保持			
1	×	0	1	×	×	×	×	×	保持 ($OC=0$)			

序号	型号、名称、功能	引 脚 图	功 能 表
21	同步可预置四位二进制计数器	见引脚图	见下表

引脚图: V_{CC} OC Q_A Q_B Q_C Q_D T $\overline{LD}$ (16 15 14 13 12 11 10 9) 74LS161 (1 2 3 4 5 6 7 8) $\overline{Cr}$ CP A B C D P GND

74LS161 功能表（模十六）

清零	使能		置数	时钟	数据				输出			
$\overline{Cr}$	P	T	$\overline{LD}$	CP	D	C	B	A	Q_D	Q_C	Q_B	Q_A
0	×	×	×	×	×	×	×	×	0	0	0	0
1	×	×	0	↑	d	c	b	a	d	c	b	a
1	1	1	1	↑	×	×	×	×	计数			
1	0	1	1	×	×	×	×	×	保持			
1	×	0	1	×	×	×	×	×	保持 ($OC=0$)			

(续)

序号	型号、名称、功能	引脚图	功能表
22	二–十进制同步加/减计数器	74LS190 上：V_{CC} D_a CP $\overline{RC}$ TC $\overline{LD}$ D_c D_d（16~9） 下：D_b Q_b Q_a $\overline{CE}$ $\overline{U}/D$ Q_c Q_d GND（1~8）	见下表
23	四位并行存取双向移位寄存器	74LS194 上：V_{CC} Q_A Q_B Q_C Q_D CP S_1 S_0（16~9） 下：Cr S_R A B C D S_L GND（1~8） 清除 右移 左移	见下表
24	四位二进制全加器	74LS283 上：V_{CC} B_3 A_3 F_3 A_4 B_4 F_4 C_4（16~9） 下：F_2 B_2 A_2 F_1 A_1 B_1 C_0 GND（1~8）	见下表
26	八 D 锁存器	74LS373 上：V_{CC} Q_7 D_7 D_6 Q_6 Q_5 D_5 D_4 Q_4 G（20~11） 下：$\overline{OE}$ Q_0 D_0 D_1 Q_1 Q_2 D_2 D_3 Q_3 GND（1~10）	见下表

74LS190 功能表

置数	加/减	片选	时钟	数据	输出
$\overline{LD}$	$\overline{U}/D$	$\overline{CE}$	CP	D_n	Q_n
0	×	×	×	0	0
0	×	×	×	1	1
1	0	0	↑	×	加计数
1	1	0	↑	×	减计数
1	×	0	1	×	保持

74LS194 功能表

序号	Cr	S_1	S_0	S_L	S_R	A	B	C	D	CP	Q_A	Q_B	Q_C	Q_D	功能
1	0	×	×	×	×	×	×	×	×	×	0	0	0	0	清零
2	1	×	×	×	×	×	×	×	×	1	Q_{An}	Q_{Bn}	Q_{Cn}	Q_{Dn}	保持
3	1	1	1	×	×	D_A	D_B	D_C	D_D	↑	D_A	D_B	D_C	D_D	送数
4	1	1	0	1	×	×	×	×	×	↑	Q_B	Q_C	Q_D	1	左移
5	1	1	0	0	×	×	×	×	×	↑	Q_B	Q_C	Q_D	0	左移
6	1	0	1	×	1	×	×	×	×	↑	1	Q_A	Q_B	Q_C	右移
7	1	0	1	×	0	×	×	×	×	↑	0	Q_A	Q_B	Q_C	右移
8	1	0	0	×	×	×	×	×	×	×	Q_{An}	Q_{Bn}	Q_{Cn}	Q_{Dn}	保持

74LS283功能

$$
\begin{array}{r}
A_4\ A_3\ A_2\ A_1 \\
B_4\ B_3\ B_2\ B_1 \\
+\qquad\qquad\quad C_0 \\
\hline
C_4\ F_4\ F_3\ F_2\ F_1
\end{array}
$$

74LS373 功能表

$\overline{OE}$	G	D	Q
0	1	1	1
0	1	0	0
0	0	×	Q_0
1	×	×	高阻

（续）

序号	型号、名称、功能	引 脚 图	功 能 表
27	八位 A－D 转换电路	ADC0804 (LSB) V_{CC} CLK_R DB_0 DB_1 DB_2 DB_3 DB_4 DB_5 DB_6 DB_7 (MSB) 20 19 18 17 16 15 14 13 12 11 1 2 3 4 5 6 7 8 9 10 $\overline{CS}$ $\overline{R_D}$ $\overline{WR}$ CLK_{IN} $\overline{INTR}$ $V_{IN(+)}$ $V_{IN(-)}$ AGND $V_{REF}/2$ DGND	
28	八位 D－A 转换电路	DAC0832 V_{CC} ILE $\overline{WR_2}$ $\overline{XFER}$ D_4 D_5 D_6 D_7 I_{OUT2} I_{OUT1} 20 19 18 17 16 15 14 13 12 11 1 2 3 4 5 6 7 8 9 10 $\overline{CS}$ $\overline{WR_1}$ AGND D_3 D_2 D_1 D_0 V_{REF} R_{fb} DGND	
29	八通道 A－D 转换	ADC0809 IN_2 IN_1 IN_0 A B C ALE D_7 D_6 D_5 D_4 D_0 REF(−) D_2 28 27 26 25 24 23 22 21 20 19 18 17 16 15 1 2 3 4 5 6 7 8 9 10 11 12 13 14 IN_3 IN_4 IN_5 IN_6 IN_7 STRAT EOC D_3 OE CLK V_{CC} REF(+) GND D_1	
30	双 BCD 加法计数器	CD4518 V_{DD} $2Cr$ $2Q_3$ $2Q_2$ $2Q_1$ $2Q_0$ $2EN$ $2CP$ 16 15 14 13 12 11 10 9 1 2 3 4 5 6 7 8 $1CP$ $1EN$ $1Q_0$ $1Q_1$ $1Q_2$ $1Q_3$ $1Cr$ V_{SS}	
31	四 2 输入或非门（CMOS） 功能：$Q=\overline{A+B}$	CD4011 V_{DD} A_4 B_4 Q_4 Q_3 D_3 B_3 14 13 12 11 10 9 8 1 2 3 4 5 6 7 A_1 B_1 Q_1 Q_2 A_2 B_2 V_{SS}	

14

(续)

序号	型号、名称、功能	引脚图	功能表
32	二4输入与非门（CMOS）功能：$Q=\overline{ABCD}$	V_{DD} Q_2 A_2 B_2 C_2 D_2 NC 14 13 12 11 10 9 8 CD4012 1 2 3 4 5 6 7 Q_1 A_1 B_1 C_1 D_1 NC V_{SS}	
33	双 D 触发器（CMOS）	V_{DD} 2Q 2$\overline{Q}$ 2CP 2R 2D 2S 14 13 12 11 10 9 8 CD4013 1 2 3 4 5 6 7 1Q 1$\overline{Q}$ 1CP 1R 1D 1S V_{SS}	
34	双 JK 主从触发器（CMOS）	V_{DD} 2Q 2$\overline{Q}$ 2CP 2R 2K 2J 2S 16 15 14 13 12 11 10 9 CD4027 1 2 3 4 5 6 7 8 1Q 1$\overline{Q}$ 1CP 1R 1K 1J 1S V_{SS}	
35	555 定时器	V_{CC} T_D TH CO 8 7 6 5 555 1 2 3 4 GND TR OUT R_D	见下表

555 定时器功能表

输入					输出	
阈值 TH	触发 TR	复位 R_d	放电 T_D	OUT		
×	×	0	0	导通		
$<\frac{2}{3}V_{CC}$	$<\frac{1}{3}V_{CC}$	1	1	截止		
$>\frac{2}{3}V_{CC}$	$>\frac{1}{3}V_{CC}$	1	0	导通		
$<\frac{2}{3}V_{CC}$	$>\frac{1}{3}V_{CC}$	1	不变	不变		

(续)

序号	型号、名称、功能	引　脚　图	功　能　表

36

顶部引脚（6 5 4 3 2 1 44 43 42 41 40）:
I/O 27, I/O 26, I/O 25, IN 3, GND, I/O 23, I/O 22, I/O 21, I/O 20, I/O 19

左侧引脚:
- I/O 28 — 7
- I/O 29 — 8
- I/O 30 — 9
- I/O 31 — 10
- Y0 — 11
- VCC — 12
- ispEN/NC — 13
- SOI/IN 0 — 14
- I/O 0 — 15
- I/O 1 — 16
- I/O 2 — 17

右侧引脚:
- 39 — I/O 18
- 38 — I/O 17
- 37 — I/O 16
- 36 — IN 2/MODE
- 35 — Y1/RESET
- 34 — VCC
- 33 — Y2/SCLK
- 32 — I/O 15
- 31 — I/O 14
- 30 — I/O 13
- 29 — I/O 12

底部引脚（18 19 20 21 22 23 24 25 26 27 28）:
I/O 3, I/O 4, I/O 5, I/O 6, I/O 7, GND, SDO/IN 1, I/O 8, I/O 9, I/O 10, I/O 11

37

顶部引脚（6 5 4 3 2 1 44 43 42 41 40）:
I/O 4, I/O 3, I/O 2, I/O 1, I/O 0, GND, VCC, I/O 31, I/O 30, I/O 29, I/O 28

左侧引脚:
- I/O 5 — 7
- I/O 6 — 8
- I/O 7 — 9
- TDI — 10
- CLK0/10 — 11
- GND — 12
- TCK — 13
- I/O 8 — 14
- I/O 9 — 15
- I/O 10 — 16
- I/O 11 — 17

右侧引脚:
- 39 — I/O 27
- 38 — I/O 26
- 37 — I/O 25
- 36 — I/O 24
- 35 — TDO
- 34 — VCC
- 33 — CLK1/11
- 32 — TMS
- 31 — I/O 23
- 30 — I/O 22
- 29 — I/O 21

底部引脚（18 19 20 21 22 23 24 25 26 27 28）:
I/O 12, I/O 13, I/O 14, I/O 15, VCC, GND, I/O 16, I/O 17, I/O 18, I/O 19, I/O 20

参 考 文 献

[1] 郭照南，孙胜麟. 电子技术与 EDA 技术实验及仿真 [M]. 长沙：中南大学出版社，2012.

[2] 阎石. 数字电子技术基础 [M]. 6 版. 北京：高等教育出版社，2016.

[3] 康华光，等. 电子技术基础：数字部分 [M]. 6 版. 北京：高等教育出版社，2013.

[4] 马艳阳，侯艳红，张生杰. 数字电子技术项目化教程 [M]. 西安：西安电子科技大学出版社，2013.

[5] 康华光. 电子技术基础：模拟部分 [M]. 6 版. 北京：高等教育出版社，2013.

[6] 熊再荣. 电子技术实训教程 [M]. 北京：化学工业出版社，2012.

[7] 李新平. 实用电子技术与仿真 [M]. 北京：机械工业出版社，2003.

[8] 崔爱红，宗云. 模拟电子技术项目化教程 [M]. 青岛：中国海洋大学出版社，2014.

[9] 石小法. 电子技能与实训 [M]. 3 版. 北京：高等教育出版社，2011.

[10] 刘陆平. 电子技术与实训 [M]. 北京：机械工业出版社，2012.

[11] 华满香，刘小春，唐亚平，等. 电气自动化技术 [M]. 长沙：湖南大学出版社，2012.